BÜCHEREI FÜR LANDWIRTE
Herausgegeben von Professor Dr. Hanns v. Lengerken
Landwirtschaftliche Hochschule Berlin

Unkräuter

von

Dr. Franz Duysen †
Honorardozent a. d. Landwirtschaftlichen Hochschule Berlin

überarbeitet von

Eduard Egglhuber

Mit 59 Abbildungen

von

Dr. Fritz Hauchecorne

Berlin und Leipzig 1925
Walter de Gruyter & Co.
vormals G. J. Göschen'sche Verlagshandlung / J. Guttentag, Verlagsbuchhandlung
Georg Reimer / Karl J. Trübner / Veit & Comp.

Druck von Walter de Gruyter & Co., Berlin W. 10

Vorwort.

Der vorliegende Band folgt als zweite Erscheinung im Rahmen der „Bücherei für Landwirte" auf die „Geologie" von Potonié-Seitz.

Herr Dr. Duysen wurde mitten aus der Arbeit an dieser Schrift durch den Tod herausgerissen. Sein Freund und Mitarbeiter, Herr Dr. med. Kratz, konnte sich infolge Krankheit der Beendigung des Buches nicht widmen. Herr Landwirtschaftslehrer Egglhuber, Assistent am Botanischen Institut der Landwirtschaftl. Hochschule Berlin, hat sich der großen Mühe unterzogen, die Druckkorrekturen, unter gleichzeitiger Umarbeitung einiger Teile, zu besorgen.

Die „Bücherei für Landwirte" soll eine Sammlung kurz gefaßter Werke von mehr oder weniger ausgesprochenem Grundrißcharakter werden und alle zur Landwirtschaft in Beziehung stehenden Wissensgebiete umfassen. Sie wendet sich an den Studierenden, den Landwirtschaftslehrer, den Tier- und Pflanzenzüchter und rechnet sowohl mit dem praktischen Landwirt als auch auf landwirtschaftlich sowie züchterisch interessierte Kreise im weiteren Sinne. Die in sich selbständigen Einzelwerke sollen in zwangloser Folge erscheinen. Keiner dieser „Grundrisse" beabsichtigt, die einschlägigen ausgezeichneten Lehr- und Handbücher irgendwie zu ersetzen. Jeder Band will in gedrängter Form das Wesentliche eines Wissenszweiges zusammenfassen und auf diese Weise einerseits dem Studierenden eine Unterlage für sein an sich so weitverzweigtes Studium, andererseits dem Landwirtschaftslehrer, Landwirt und Züchter jeweilig ein handliches „Orientierungsbuch" sein.

Demnächst wird eine „Geschichte der Haustiere" erscheinen. Weitere Bände: „Physik", „Zoologie", „Rindviehzucht", „Fütterungslehre", „Moorkultur", „Bodenkunde" sind in Bearbeitung. „Bienenkunde", „Fischereikunde", „Kleintierzucht" u. a. werden demnächst in Angriff genommen.

Hanns v. Lengerken.

Einleitung.

Unkräuter sind wildwachsende Pflanzen, die ungewollt und unerwünscht zwischen angepflanzten oder ausgesäten Kulturpflanzen auftreten.

Solange die Menschen für Kulturzwecke Pflanzen angebaut haben, so lange reicht auch die Unkrautfrage zurück. Die Geschichte unserer Kulturpflanzen ist auch die Geschichte der Unkräuter. Die bessere Bearbeitung und Düngung des Bodens, ferner die Pflege, die den Kulturpflanzen zuteil wird, um den Ernteertrag zu steigern, kommt auch den Unkräutern zugute: sie werden gewissermaßen mit den Kulturpflanzen mitgehegt.

Der Schaden, den die Kulturpflanzen durch die Unkräuter erleiden ist ein beträchtlicher. Sie entziehen den angebauten Gewächsen nicht nur Nahrung, Feuchtigkeit und Licht, sie erschweren häufig auch die Erntearbeiten und bedingen eine Arbeitsvermehrung bei der Gewinnung des Saatgutes und bei der Ackerbestellung. Manche Unkräuter sind dem tierischen Organismus schädlich, ja sogar für ihn giftig. Viele Ackerunkräuter sind die Träger von Schmarotzerpilzen, die ihrerseits wieder die Kulturpflanzen befallen.

Die Vertilgung bzw. Unterdrückung des Unkrautes ist deshalb von hohem landwirtschaftlichem Interesse: sie ist eine Vorbedingung für die Intensivierung der Ackerkultur.

Eine erfolgreiche Bekämpfung der Unkräuter ist nur bei Kenntnis der Lebensvorgänge der Pflanzen möglich. Gerade die Art der Vermehrung des Unkrautes gibt Aussichten zu dessen Bekämpfung.

Man unterscheidet Pflanzen, die sich auf geschlechtlichem Wege durch Samen vermehren. Die Samen tragen die verschiedenartigsten Einrichtungen zu ihrer Verbreitung. Solche Unkräuter bezeichnet man als „Samenunkräuter“. Daneben ist aber auch bei sehr vielen Pflanzen eine ungeschlechtliche oder vegetative Vermehrung möglich. Diese erfolgt aus Teilstücken einer Pflanze, z. B. aus Wurzeln, Knollen, Zwiebeln und Rhizomen oder durch Ausläufer, aus Teilen des Stengels, ja selbst aus einzelnen Blättern ist die Entwicklung zu einer vollständigen Pflanze möglich. Solche Unkräuter werden gewöhnlich als „Wurzelunkräuter“ bezeichnet. Wissenschaft und Praxis in Verbindung mit einer regen Industrie arbeiten an der Bekämpfung des Unkrautes, mit der Absicht, dieses in seinen geeigneten Entwicklungsperioden am empfindlichsten zu treffen.

Die Einteilung der Unkräuter kann nach verschiedenen Gesichtspunkten geschehen, z. B. in einjährige, zweijährige und ausdauernde oder in giftige und ungiftige. Je nach der Boden- oder Pflanzenart finden sich bestimmte Unkräuter, auch die Jahreszeit könnte als Einteilungsgrund herangezogen werden. Aber immer wird durch eine solche äußere Einteilung die innere Übersicht der Pflanzenfamilien des natürlichen Systems zerrissen.

In vorliegender Schrift ist das natürliche Pflanzensystem zugrunde gelegt.

Erklärung der Abkürzungen und botanische Zeichen.

Jede Pflanze führt zwei Namen, von denen der erste die Gattung, der zweite die Art bezeichnet. An diese beiden Bezeichnungen wird die Abkürzung des Namens desjenigen Botanikers angehängt, der die Pflanze benannt hat.

⊙ = 1 jährige Sommerpflanze,
(1) = überwinternde 1 jährige Pflanze.
⊙ = 2 jährige Pflanze.
♃ = ausdauernde Pflanze.

Die einzelnen Teile einer Blüte in ihrer Anzahl und Stellung können durch eine Formel ausgedrückt werden:

K = Kalixkreis, Kelch.
C = Corollakreis, Blumenkrone.
A = Andröceum, Staubblattkreis.
G = Gynöceum, Fruchtblattkreis.

Sind die Teile des Gynöceums miteinander verwachsen, so wird dies durch eine ( ) ausgedrückt.

Ist das Gynöceum unterständig, so wird dies durch einen Strich über der Klammer $\overline{(\quad)}$, ist das Gynöceum oberständig, so wird das durch einen Strich unter der Klammer $\underline{(\quad)}$ ausgedrückt. Ist die Blütenhülle nicht in Kelch und Krone geteilt, sondern gleichmäßig gefärbt, so wird K und C zusammengefaßt und als P (Perigon) bezw. Perianth bezeichnet.

Anordnung des Stoffes.

Cryptogamae.

Seite

Sporenpflanzen, verborgen blühende Pflanzen.

In der Spore (Keimzelle) ist im Unterschied zum Samen keine junge Keimpflanze mit Wurzel und Keimblättern enthalten.

Phanerogamae.

Offen blühende Pflanzen mit Blüten, in deren Fruchtknoten sich Samen entwickeln.

1. Unterabteilung **Gymnospermae**,
   d. h. nacktsamige Pflanzen, deren Samen sich nackt auf dem nicht zu einem Fruchtknoten vereinigten Fruchtblatt entwickeln.
2. Unterabteilung **Angiospermae**,
   d. h. Pflanzen, bei denen die Fruchtblätter zu einem geschlossenen Behälter vereinigt sind.

A. Monocotyledones, Pflanzen, welche nur mit einem Keimblatt keimen.

B. Dicotyledones, Pflanzen, welche mit zwei Keimblättern keimen.

Cryptogamae, Sporenpflanzen.

Equisetaceae DC. Schachtelhalme.

Equisetum arvense L., Acker-Schachtelhalm; Zinnkraut, Kannenkraut. — Fig. 1.

Der sporentragende (fruchtbare) Sproß erscheint im zeitigen Frühjahr. Er ist chlorophyllfrei, gelblich-weiß, strohfarben und trägt

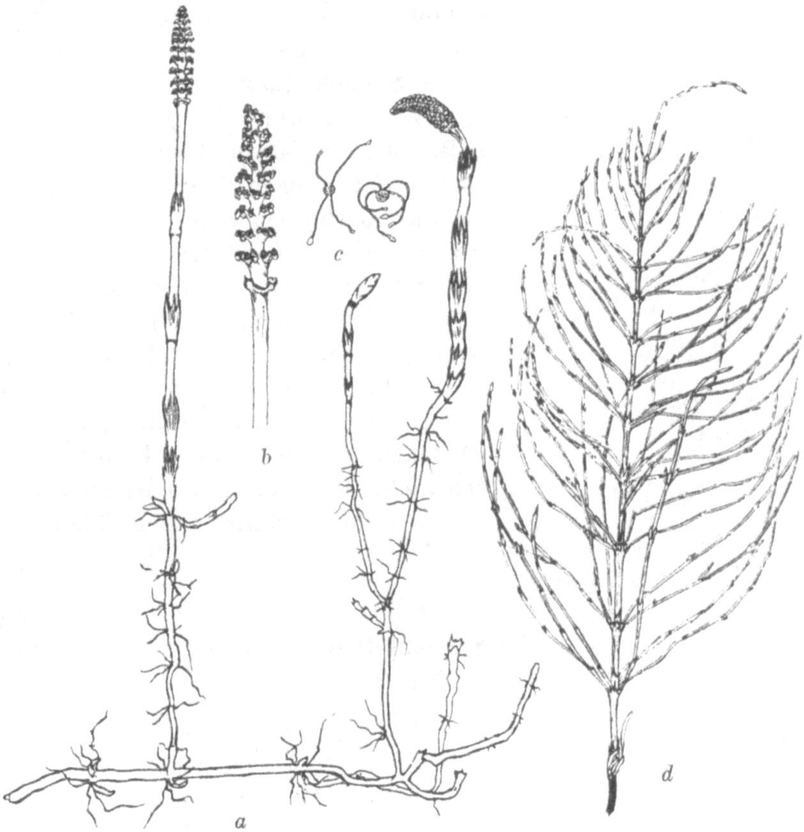

Fig. 1. *Equisetum arvense* L., Ackerschachtelhalm.
a) blühender Sproß in verschiedenen Entwicklungsphasen. *b)* Ähre stärker vergrößert. *c)* Sporen. *d)* Vegetativer Sproß.

an der Spitze in einer Ähre die sporentragenden Blätter. Er stirbt bald ab.

Die Sporen sind mit anfangs spiraligen, um die Spore gewundenen Fäden (Elateren) versehen, die, bei Trockenheit auseinanderschnellend, die Sporen weit wegschleudern.

Der unfruchtbare vegetative Sproß erscheint später. Er trägt am Hauptstamm in Quirlen angeorrdnete Seitenäste. Hauptstamm und Seitenäste sind gerieft und mit Scheiden umgeben. Beim sporentragenden Sproß sind die Scheiden aufgeblasen, beim unfruchtbaren Sproß sind sie anliegend, mit einem schmalen, weißen Rande versehen. Am freien Rande sind die Scheiden bei beiden Sprossen gezackt und die Zacken mit einem schmalen, weißen Rande versehen. Der Acker-Schachtelhalm ist ungiftig.

Vorkommen: Der Acker-Schachtelhalm, der bis 30 cm hoch wird, wächst gern auf sandigem, lehmigem Boden; er ist ausdauernd schon durch seine unterirdisch kriechenden Rhizome.

Bekämpfung: Die unterirdisch kriechenden Rhizome, die bis 1 m tief liegen, lassen sich nur schwer und nur durch Melioration bekämpfen, wenngleich das Hacken durch Entfernung der oberirdischen Sprosse die Pflanze stark schwächt, und somit das Hacken, systematisch durchgeführt, auch Erfolg verspricht.

Fig. 2. *Equisetum palustre L.* Sumpfschachtelhalm (Sproß mit Sporentragender Ähre).

Equisetum palustre L., Sumpf-Schachtelhalm, Duwock, Katzenstert. — Fig. 2.

Bei Equisetum palustre ist der fruchtbare und unfruchtbare Stengel gleich. Der Stengel ist gefurcht, bis 50 cm hoch, einfach verästelt und mit locker anliegenden Scheiden ausgestattet, deren Zähne breite, weiße Zonen aufweisen. Die Verbreitung geschieht durch Sporen, durch Rhizome, welch letztere, ähnlich wie bei Equisetum arvense, dem Wasserspiegel folgend, bald höher, bald tiefer liegen, und durch abgerissene Stücke der unterirdischen Triebe, welche einen mit schlafenden Knospen besetzten Knoten aufweisen.

Der Unterschied zwischen Equisetum arvense und Equisetum palustre ist unschwer festzustellen. Bei Equisetum arvense ist das unterste Glied der Seitensprosse mit seiner Scheide bedeutend länger als die dazugehörige Scheide des Hauptstengels. Bei Equisetum palustre ist es umgekehrt; das unterste Glied des Seitenastes ist kürzer als die dazugehörige Scheide des Hauptstengels. Die weiße Zone von Zähnen der Scheide ist bei E. arvense schmal, bei E. palustre breit. Die Höhlung des Stengels ist bei E. arvense ziemlich weit, bei E. palustre enger.

Vorkommen: Sumpf-Schachtelhalm kommt auf sumpfigen Wiesen, aber auch auf sandigem Boden mit hohem, stauendem Wasserspiegel vor; er ist für unsere Haustiere giftig, besonders für Rindvieh: Tiere, die einmal durch Sumpf-Schachtelhalm erkrankt waren, lehnen Futter, das mit dieser Pflanze vermischt ist, trotz Hunger ab.

Bekämpfung: Die Ausrottung ist schwierig und langwierig. Die Bekämpfung besteht im Abhacken der oberirdischen Teile und Tieferlegen des Wasserspiegels.

Literatur: Dr. C. A. Weber-Bremen, Der Duwock. Arbeiten der D. L. G. Bremen 1902. — Dr. C. E. J. Lohmann: Über die Giftigkeit der deutschen Schachtelhalmarten, insbesondere des Duwocks, Arbeiten der D. L. G. 1904.

Phanerogamae, Samenpflanzen.

Gramineae Juss., Gräser.

Apera spica venti PB., Echter Windhalm. — Fig. 3.

Halm, je nach Standort, 0,30 bis 1 m hoch. Rispe ausgebreitet. Ährchen einblütig, mit Achsenfortsatz, als Zeichen einer zweiten, nicht zur Entwicklung gekommenen Blüte. Deckspelze mit einer unter der Spitze entspringenden Granne, die mehrmals länger als die Spelze ist, mit Achsenfortsetzungen; einjährige Sommerpflanze. Wurzel ist eine büschelförmige Faserwurzel.

Fig. 3. *Apera spica venti* P B., Windhalm (Rispe).

Vorkommen: Auf leichtem, sandigem, feuchtem Boden in ganz Deutschland, vor allem in Roggen, tritt aber auch in Weizen, Gerste und Hafer auf.

Die Frucht behält, längere Zeit in Erde eingegraben, ihre Keimfähigkeit.

Die Früchte fallen, reif geworden, von der Mutterpflanze ab oder werden durch den Wind abgeschüttelt. Die Anzahl der von einer einzigen Pflanze erzeugten Früchte ist sehr groß. Pieper (siehe unten!) hat berechnet, daß, auf einen qm eines Feldes nur eine Windhalmpflanze gerechnet, pro ha 120 Millionen Früchte reifen können.

Schaden: Durch die Entziehung von Wasser und Nährstoffen schädigt der Windhalm die Kulturpflanzen, die er seinem Lichtbedürfnis entsprechend in seiner Höhe erreicht und überflügelt, was ihm, den Roggen ausgenommen, gelingt.

Als Futterpflanze ist die einjährige Pflanze wertlos.

Bekämpfung: Die feinen Samen werden, wenn sie überhaupt in das Getreide kommen, durch die Reinigung leicht beseitigt. Nur in Grassamen, welche von wildwachsenden Gräsern gewonnen werden, stellen sich auch die Früchte des Windhalms ein. Zur Bekämpfung ist das Ausziehen der Windhalmpflanzen, bevor die Früchte reifen, empfohlen worden. Allerdings ist hierbei Bedingung, soll die Bekämpfung von dauernder Wirkung sein, daß auch die Nachbarfelder in derselben Weise behandelt werden, da sonst der leichte Samen überfliegend die aufgewendete Mühe unnütz macht. Ebenso müssen die Wegränder rein gehalten werden.

Fig. 3a. *Apera spica venti* PB. (Scheinfrucht).

Eine wirksame natürliche Bekämpfung kann nur dadurch erzielt werden, daß der Anbau der Kulturpflanzen vermieden wird, die dem Windhalm günstige Entwicklungsbedingungen schaffen, wie z. B. Wintergetreide, daß dagegen Hackfrüchte, Kartoffeln, Rüben und Futterpflanzen: Klee, Luzerne, welche mehrjährig öfter gemäht werden, die Entwicklung des Windhalms kaum aufkommen lassen.

Die Anwendung chemischer Mittel zur Bekämpfung des Windhalms ist erfolglos versucht worden.

Literatur: Pieper, Der Windhalm. Arbeiten der D. L. G. Heft 236 mit 5 Tafeln und 3 Textabbildungen, 1912.

Alopecurus agrestis L., Acker-Fuchsschwanz. — Fig. 4.

Halm steil aufrecht, bis 50 cm hoch. Blätter nach vorwärts rauh. Blatthäutchen lang, stumpf gezähnt. Der Blütenstand ist eine ährenförmige Rispe, die beiderseits, nach oben und unten, verschmälert ist. Das Ährchen ist einblütig. Die Hüllspelzen sind bis zur Mitte verwachsen und tragen am Grunde einen Haarbüschel. Deckspelze mit einer vom Rücken der Spelze entspringenden Granne, welche doppelt so lang als das Ährchen ist. Vorspelze fehlt.

Fig. 4.
Alopecurus agrestis L., Ackerfuchsschwanz.
a) blühende Rispe.
b) Scheinfrucht.

Scheinfrucht, etwas größer als die Scheinfrucht von *Alopecurus pratensis* L., dem Wiesen-Fuchsschwanz, der ♃ ist und einen kurzen, walzenförmigen Blütenstand besitzt und zu unseren besten Wiesengräsern gerechnet wird, während der Acker-Fuchsschwanz als ein recht lästiges Unkraut im Getreide gilt.

Die Früchte des Acker-Fuchsschwanzes lösen sich unschwer von der Mutterpflanze und können vom Winde leicht fortgetrieben werden. Der Acker-Fuchsschwanz ist ⊙ und ①; ist unter dem Getreide in Nord- und Mitteldeutschland selten, dagegen häufiger auf den kalkhaltigen Böden in Hannover, Westfalen und im südlichen Rheinland.

Schaden: Der Schaden, den das Vorkommen des Acker-Fuchsschwanzes verursacht, entsteht durch die Entziehung von Wasser und Nährstoffen, welche dann den Kulturpflanzen mangeln.

Ein Nutzen aus dem Anbau der Pflanze zur Futtergewinnung hat sich nach den Untersuchungen von Fruhwirth nicht ergeben. Die Verunkrautung des Ackers mit ausgefallenen Samen würde genügen, um den Acker-Fuchsschwanz aus der Liste der Futtergräser auszuschalten.

Bekämpfung: Bei der Bekämpfung des Acker-Fuchsschwanzes sind diejenigen Kulturpflanzen, welche die Entwicklung begünstigen, möglichst zu vermeiden. Die bräunlichen Früchte des Acker-Fuchschwanzes keimen im Herbste und entwickeln sich im

Wintergetreide, im dünn stehenden Winterraps, in Winterrübsen und in Kahlstellen überaus üppig, in der Sommerung weniger günstig.

Deswegen sind dichtstehende, eine gute Beschattung hervorrufende Kleearten, die grün gemäht werden, oder Hackfrüchte, welche mehrmals gehackt werden bis zur Ernte, als die beste Bekämpfungsart zu empfehlen.

Literatur: Fruwirth, Der Acker-Fuchsschwanz mit 2 Textabbildungen und 6 Tafeln, Heft 136. Arbeiten der D. L. G.

Avena fatua L., Flug- oder Windhafer. — Fig. 5.

Fig. 5. *Avena fatua L.*, Windhafer. a) unterer Teil der Pflanze. b) Rispe. c) Ährchen (vergrößert).

Halm bis 2 m und darüber hoch; Blätter hellgrün; Wurzel büschelig-faserig. Blütenstand eine schlaffe Rispe. Hüllspelzen das ganze Ährchen einhüllend; Ährchen 3blütig. Alle 3 Blüten mit einer von der Mitte des Rückens der Deckspelze entspringenden starken, geknieten und gedrehten Granne versehen; Deckspelze vom Grunde bis zur Mitte stark braun behaart. Die Endfläche des Kornes, d. h. die Ansatzfläche an der Mutterpflanze, ist ein schräger, knorpeliger Ring.

Die Früchte können lange Jahre im Boden liegen, ohne ihre Keimkraft einzubüßen. Bei der Reife fallen die Früchte von selbst ab.

Selbst unreife Früchte sind keimfähig und imstande, zu einer normalen Pflanze auszuwachsen. Reife Körner bedürfen einer langen Zeit zur Nachreife, wie es bei manchen anderen Samen der Fall ist.

Abwechselnde Witterung des Winters, Frost und Tauwetter wirken auf die Früchte keimungsfördernd ein, so daß die Keimung im Frühjahr einsetzt. Ist jedoch eine geschlossene Decke von Kulturpflanzen vorhanden, so unterbleibt auch die Keimung bzw. tritt nur da ein, wo ein lückiger Bestand der Kulturpflanzen vorhanden ist.

Die Früchte können bei der Keimung noch aus einer Tiefe von 35 cm Bodenbedeckung sich durcharbeiten; die günstigste Lage des Kornes im Boden ist 5—10 cm.

Vorkommen: Der Flughafer ist eine Pflanze des feuchten, kalkreichen Mergel- und Tonbodens. Auf Sandboden findet er keine zusagende Lebensbedingung. In Norddeutschland finden wir ihn im Oderbruch und den Niederungen der Oder und der Weichsel. In Mittel- und Süddeutschland nur, wo ähnliche Bodenverhältnisse vorhanden sind. Wo der Flughafer sich einmal angesiedelt hat, richtet er großen Schaden an.

Bekämpfung: Für die Bekämpfung ist an erster Statt die Reinheit des Saatgutes erforderlich, einmal, um eine Gegend, wo noch kein Flughafer war, nicht zu verseuchen, und dann, um den Schaden dort, wo Flughafer bereits vorkommt, nicht zu vergrößern. Wenn, wie wir aus eigener Anschauung wissen, im Oderbruch ausgerissene Flughaferpflanzen fuderweise entfernt werden, so zeigt sich, welcher Schaden unter für das Unkraut günstigen Verhältnissen hervorgerufen werden kann.

Ein derartiges Ausreißen ist aber niemals ein Mittel zur radikalen Ausrottung, denn es fallen hierbei genügend Körner auf den Boden, die im nächsten Jahre wieder keimen. Ein Schälen des Ackers nach der Ernte, das bei vielen anderen Unkräutern zur wirksamen Bekämpfung dient, ist beim Flughafer erfolglos, weil die Körner gerade dadurch in die günstigste Lage in den Boden gelangen und sicherer im Frühjahr auskeimen.

Zade empfiehlt folgende Methode der Fruchtfolge:

1. Mehrere Jahre hintereinander „keimverzögernde“ Früchte, d. h. dichte Bestände von Winterroggen, Wintergerste, Wiesen- bzw. Weidegräser, Winterraps, Winterrüben, Luzerne, Esparsette, Rotklee. Hierdurch wird ein Keimen der im Boden liegenden Flughaferfrüchte verhindert.

2. Folgen hierauf Hackfrüchte mit Grünfutterpflanzen, vielleicht auch mehrere Jahre, so werden die bis dahin ruhenden Flughaferfrüchte in Massen zur Keimung gelangen und können durch Hacken und Abmähen in der Folgezeit bekämpft werden.

Zu vermeiden ist jedoch auf jeden Fall der Anbau von Sommergetreide (Hafer und Gerste) unmittelbar nach Anwendung der ersten Methode. Zunächst müssen Hackfrüchte oder Grünfutter gesät und geerntet sein.

Durch Pflügen und Eggen im Frühjahr lassen sich wohl zahlreiche junge Flughaferpflanzen vernichten, aber einen durchschlagenden Erfolg wird man dadurch nicht erzielen.

Literatur: Zade, Der Flughafer. Arbeiten der D. L. G. Heft 229, 1912.

Bromus secalinus L., Roggen-Trespe. — Fig. 6.

Der Stengel wird bis 1 m hoch. Die Höhe wechselt nach der Höhe der Pflanzen, zwischen denen das Gras vorkommt. Die Blattspreiten sind auf der Oberseite zerstreut behaart, die Blattscheiden kahl; das Blatthäutchen ist kurz abgestutzt. Der Blütenstand ist eine Rispe. Die Rispe, anfangs aufrecht, ist bei der Reife überhängend. Die Ährchen sind

Fig. 6. *Bromus secalinus L.*, Roggentrespe. *a*) Rispe. *b*) Scheinfrucht.

vielblütig. Die am Rande abgerundete Deckspelze und Vorspelze sind gleich lang.

Die Scheinfrucht ist 7—8 mm lang. Die Deckspelze, bei der Reife gelb, ist unter der Spitze begrannt. Die Grannen, wenn sie beim Dreschen nicht abbrechen, 1—2 mm lang. Die zweinervige Vorspelze ist zart, an den Kielen gewimpert. Das Stielchen ist gebogen, an der oberen Fläche schräg abgestutzt. Die Endfläche der Scheinfrucht ist schief. ⊙ und ①.

Vorkommen: Auf schweren Böden, besonders in nassen Jahren, sowohl im Sommer- wie im Wintergetreide. Ist das Getreide im Winter infolge nicht zu großer Nässe gut durchgekommen, so gedeiht die Roggentrespe nicht. Ist dagegen der Winter sehr naß, so wird das Getreide Lücken aufweisen, die im Boden vorhandene Trespe dagegen die günstigsten Lebensbedingungen haben. Ist Roggen die Kulturpflanze, so läßt sich die Trespe im vegetativen Zustande nicht von ihm unterscheiden. Erst wenn der Blütenstand sich entwickelt, ist die Unterscheidung möglich. Es war deshalb früher die Meinung verbreitet, daß der Roggen sich in Trespe verwandle.

Die Früchte von *Bromus secalinus* können lange Jahre im Boden liegen, ohne zu keimen, um dann, wenn ein nasses Jahr kommt, im Übermaß zu erscheinen. Wäre die frühzeitige Unterscheidung möglich, so könnte die Trespe als gutes Futtergras gebraucht werden.

Bekämpfung: In früheren Zeiten, als die Getreidereinigung nicht so vorgenommen werden konnte wie jetzt, kamen die Früchte von *Bromus secalinus* in das Futter, passierten den Darmkanal der Tiere, vielfach in unverletztem Zustande, und wurden mit dem Dünger wieder aufs Feld gefahren. Jetzt wird durch peinliche Reinigung des Saatgutes, durch abwechselnden Sommergetreide- und Hackfruchtbau, die Roggentrespe leicht bekämpft.

Lolium temulentum L., Taumellolch. — Fig. 7a.

Der die Ähre tragende, aufrechte Halm wird bis 1 m hoch. Die Wurzelblätter fehlen, nur am Halme sind Blätter vorhanden. Der Blütenstand bildet eine echte Ähre. Die Ährchen sitzen mit der Schmalseite an der Hauptspindel und besitzen nur eine Hüllspelze. Nur das Endährchen ist mit 2 Hüllspelzen ausgestattet. Die zweite Hüllspelze wird durch die Hauptspindel der Ähre ersetzt. Die Hüll-

Fig. 7.

a) *Lolium temulentum* L., Taumellolch. 1 Ähre. 2 Scheinfrucht. b) *Lolium remotum* Schrank, Leinlolch. 1 Ähre. 2 Scheinfrucht.

spelze ist länger als das Ährchen. Das Ährchen ist vielblütig und steht von der Spindel ab. Die Deckspelzen der Blüten sind lang begrannt, die Grannen bis 12 mm lang.

Die Scheinfrucht ist 5—6 mm lang, infolge der sich hervorwölbende Vorspelze erscheint sie verdickt. Das Stielchen ist oben gerade gestutzt, abgeflacht. Die Früchte können jahrelang im Boden liegen, ohne ihre Keimkraft zu verlieren. ⊙.

Schaden: Als Futtergras ist *Lolium temulentum* als minderwertig anzusehen wegen seines Mangels einer Blattmasse und seines harten Stengels.

In den Körnern befindet sich zwischen Samenschale und Kleberzellenschicht das Myzel eines Pilzes. Dieses Myzel verleiht dem Korn giftige Eigenschaften. Der Taumellolch hat sich dem Pilze so angepaßt, daß er in seinem Wachstum in keiner Weise beeinträchtigt wird. Im tierischen Körper jedoch und auch im menschlichen Organismus, falls das Brotkorn mit dem Mehl des geernteten Taumellolchs vermischt wird, treten Vergiftungserscheinungen auf (Einwirkungen auf das Zentralnervensystem bis zu Lähmungserscheinungen).

Vorkommen: Auf gutem, lehmigem Boden zeigt er sich nach feuchten Frühjahren, zumal im Sommergetreide.

Bekämpfung: Hacken und Jäten und vor allem reines Saatgut.

Lolium remotum Schrank (oder **Lolium linicola Sonder**), **Entferntähriger Lolch, Leinlolch.** — Fig. 7b.

Der beblätterte Halm wird bis 60 cm hoch. Wurzelblätter werden nicht gebildet. Die Blüten bilden eine echte Ähre. Die Ährchen sitzen mit der Schmalseite der Hauptspindel zugeneigt. Infolgedessen haben die Ährchen nur eine Hüllspelze, außer dem Gipfelährchen, welches 2 Hüllspelzen besitzt. Die Hüllspelzen sind kürzer als das Ährchen.

Die Ährchen sind mehrblütig. Die Deckspelzen der Blüten sind begrannt oder unbegrannt. Die Ährchen liegen der Hauptspindel der Ähre an; sie sind nicht spreizend, wie bei *Lolium temulentum.*

Die Scheinfrucht ist kurz gedrungen, 4—6 mm lang, 1 mm dick. Die Vorspelze ist fast so lang als die sie mit den Rändern umgreifende Deckspelze. Das Stielchen ist gerade abgestutzt, $^{1}/_{3}$ der Länge der Scheinfrucht, vierkantig. ⊙.

Vorkommen: Der Leinlolch kommt vor allem in den Kulturen des Leins vor, zu dem er offenbar eine sein eigenes Wachstum fördernde Beziehung zu haben scheint. Als Futtergras ist der Leinlolch ganz wertlos, da er keine Wurzelblätter, nur einen beblätterten

Halm besitzt. Die Scheinfrüchte des Leinlolchs bilden eine unangenehme Verunreinigung der Kulturpflanzen, besonders des Leins.

B e k ä m p f u n g: Sorgfältigste Reinigung des Saatgutes.

Triticum repens L. (Agropyrum repens PB.), Quecke. — Fig. 8. Der Blütenstand ist eine echte Ähre, d. h. die Ährchen sind sitzend an der Hauptachse angebracht. Ährchen mit der Breitseite

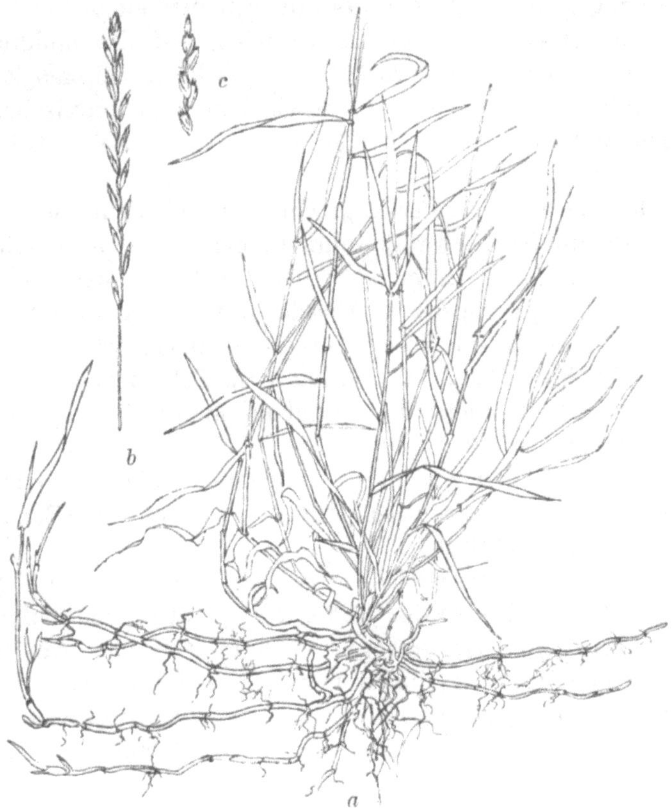

Fig. 8. *Triticum repens L.*, Quecke.
a) Pflanze mit Rhizomen. *b)* Ähre. *c)* Stück einer Ähre vergrößert.

(im Gegensatz zu *Lolium*, Lolch, das die Schmalseite der Blütenspindel zuwendet) an die Hauptspindel angrenzend. Hüllspelzen 2. Ährchen 3- bis 5blütig. Die Frucht ist mit der Vorspelze verwachsen. Deckspelzen begrannt oder unbegrannt.

Scheide und Spreite der Blätter behaart oder unbehaart. Blatthäutchen kurz abgestutzt, am freien Rande gezähnelt.

Es gibt zahlreiche Varietäten, die in Farbe, Wuchs, Ähre, Begrannung und in der Bildung der Ausläufer stark voneinander abweichen.

Die Quecke siedelt sich auf allen Böden an, sowohl auf trockenem wie auf feuchtem, bevorzugt aber frischen, feuchten Boden, während nasser Boden gemieden wird.

Die Frage, ob die Quecke als Futterpflanze einen Wert besitzt, wird von der einen Seite schroff verneint, auf der anderen Seite sprechen viele warme Befürworter der Quecke im jungen Zustande einen besonderen Futterwert zu. Nach dem mikroskopischen Querschnitt des Blattes muß die Quecke als ein Gras zweiter Güte angesprochen werden.

Verbreitung der Quecke geschieht durch Früchte, vor allem aber durch die unterirdisch wachsenden Rhizome. Von manchen wird die Verbreitung durch Samen verneint. Sogar der Ansatz von Früchten überhaupt wurde in Abrede gestellt. Tatsächlich findet man zahlreiche gut ausgebildete Queckenpflanzen, welche keine oder nur wenig Früchte enthalten. Im letzteren Falle scheint die Pflanze den zusagenden Boden gefunden zu haben, und die Ausbreitung durch Rhizome ist desto stärker gediehen.

Die unterirdischen Rhizome sind eben diejenigen Organe, deretwegen die Quecke als Unkraut so gefürchtet wird und ihre Bekämpfung sich so schwierig gestaltet.

Die Rhizome der Quecke wachsen wagerecht, am liebsten ca. 10 cm unter der Bodenoberfläche. Sie können jedoch auch 15 bis 20 cm herabsteigen. Es ist sogar noch aus 40 cm Tiefe ein Vordringen zur Oberfläche beobachtet worden. Es müssen in diesem Falle die Rhizome gut mit Reservestoffen ausgerüstet sein, und der Boden darf dem Emporwachsen nicht viele Hindernisse entgegenstellen.

Ist der Boden zu naß, so sterben die Rhizome, wenn auch nur langsam, ab, weil in einem solchen Boden die Luftzufuhr behindert ist. Sie können jedoch sich längere Zeit lebenszähe durch die in ihnen selbst aufgespeicherte Luft am Leben erhalten und, wenn sie durch Beackerung in günstige Erdlage gebracht werden, wieder von neuem auskeimen.

Werden durch maschinelles Herausreißen die Rhizome in

Stücke zerteilt, so kann jedes einzelne Stück wieder zu einer neuen Pflanze auswachsen. Ein solches Verfahren würde aus einer Pflanze zwei oder mehrere machen und so die Verqueckung des Bodens begünstigen, anstatt sie zu verhindern.

Bekämpfung: In der Praxis haben sich verschiedene Methoden der Bekämpfung herausgebildet. Sie sind je nach Boden, Klima, Niederschlägen usw. verschieden. Ein einheitliches Rezept für ein so hartnäckiges Unkraut kann es nicht geben. Alle die Momente, welche dem Wachstum der Quecke schädlich sind, müssen benutzt werden.

a) Der Versuch, mit chemischen Mitteln eine Ausrottung der Quecke herbeizuführen, hat zu keinem befriedigenden Resultat geführt. Es lassen sich wohl die grünen Triebe wegbeizen, wodurch vorübergehend eine Schwächung erzielt wird, die Rhizome jedoch nicht getroffen werden.

b) Tiefpflügen, um die Rhizome so zu bedecken, daß sie unter der hohen Erdschicht ersticken. Das gelingt nur zum Teil. Es muß ein späteres Flachpflügen folgen, um die durch die Erdschicht sich durcharbeitenden Triebe, die schon durch das Tiefpflügen geschwächt sind, zum Absterben zu bringen.

c) Pflügen in normaler Pflugtiefe löst bei trockenem Wetter eine große Menge der Rhizome los, welche durch nachfolgendes Eggen entfernt und nach dem Vertrocknen verbrannt werden. Auch hier sind nach einiger Zeit die wieder ausschlagenden Triebe durch flaches Pflügen zu vernichten.

d) Flaches Pflügen, mehrmals und öfter, so daß die Rhizome allmählich zerschnitten werden, und der größte Teil abstirbt.

e) Lichtabschluß, Beschattung durch dichtstehende Kulturpflanzen, welche gut gedüngt einen vollen Bestand mit starker Beschattung herbeiführen. Die Quecke ist sehr lichtbedürftig. Wird die beschattende Kultur abgeerntet, so sucht man durch Schälen die geschwächten Queckentriebe völlig abzutöten.

f) Von manchen Seiten wird das Tiefpflügen verworfen und nur das flache Schälen empfohlen. Hierdurch werden der Quecke die obersten Triebe genommen. Dieses Verfahren, abwechselnd mit wiederholtem Eggen, soll von durchschlagendem Erfolge sein.

Ausgepflügte Quecken sterben infolge Verdunstens ihres Wassergehaltes, besonders wenn grüne Triebe den Verlust beschleunigen und vermehren, ab. Bei leichtem Boden und anhaltender Trockenheit kann dieses Absterben auch im Boden selbst eintreten.

Ist durch solche Maßnahmen die Quecke stark in ihrer Lebenskraft getroffen, so empfiehlt es sich, wie schon erwähnt, durch Kulturpflanzen, die durch Düngung und an sich schon üppige Blattmassen entwickeln, die Quecken vollständig zum Absterben zu bringen. Als solche Pflanzen werden empfohlen: Hafer, Kartoffeln mit üppigem Laube, Winterraps, Winterrüben und Hanf. Diese Kulturpflanzen hinterlassen den Acker queckenrein.

Liliaceae DC., Liliengewächse.

Colchicum autumnale L., Herbstzeitlose. — Fig. 9.

Wurzel- (Zwiebel-) und Samenunkraut. Die Blütenhülle besteht aus 6 lilafarbigen Blütenblättern, deren untere lange Teile (Nägel) miteinander zu einer Röhre auswachsen. Blütezeit von August bis Oktober. Die Frucht erscheint im Frühling des nächsten Jahres, indem mit den Blättern die Kapselfrucht des die Blätter entwickelnden Stengels über den Erdboden gehoben wird. ♃

Fig. 9. *Colchicum autumnale L.*, Herbstzeitlose.

a) Fruchttragender Sproß. *b*) blühender Sproß. *c*) Kapselfrucht. *d*) Same.

Die mit einer braunen Hülle versehene Zwiebel treibt jedes Jahr eine neue Zwiebel, aus welcher im Herbst wieder die neue Blüte gebildet wird.

Die Verbreitung geschieht durch Samen. Die zur Zeit der Reife aufspringende Kapsel entläßt die Samen, welche dann durch Arbeiten auf der Wiese beim Heuen usw. verbreitet werden. Die aus dem Samen sich entwickelnde Pflanze ist im ersten Jahre nur mit einem dünnen Blatt ausgestattet, und es dauert 6—8 Jahre, bis die Pflanze, ihre Zwiebel jedes Jahr tiefer in die Erde sendend, so weit erstarkt ist, daß sie im Frühjahr die Blätter entwickelt und im Herbste blüht.

Vorkommen: Die Herbstzeitlose kommt auf trockenen und feuchten Wiesen, besonders in Mittel- und Süddeutschland, vor, wo die Wiesen im Herbste manchmal durch die Blüten ganz lilablau aussehen. Die Zwiebeln liegen in verschiedener Tiefe des Bodens.

Verwendung: Die Blätter, vornehmlich aber die Samen, beherbergen ein Alkaloid, das Colchicin, welches für den tierischen Organismus giftig ist. Colchicin ist ein langsam wirkendes Gift, welches alle Wirbeltiere und auch den Menschen durch verhältnismäßig kleine Gaben tötet. Am empfindlichsten gegen Colchicin sind die reinen Fleischfresser, weniger empfindlich die Pflanzenfresser und Allesfresser. Schafe und Ziegen fressen das Laub ohne Schaden. Nach einigen Autoren soll die Giftwirkung nach dem Trocknen der Blüten und des Laubes verschwinden. Die Samen bleiben immer giftig.

Bekämpfung: Wenn das Ausreifen der Samen verhindert werden könnte, so wäre damit der Ausbreitung der Herbstzeitlose Einhalt getan. Allein das Entfernen der Blüten im Herbst und damit die Verhütung des Samenansatzes ist nur in kleinen Parzellen möglich, im Großbetrieb dagegen nicht.

Das Ausziehen der ganzen Pflanze mit der Zwiebel bei stark durchfeuchtetem Boden gelingt in den meisten Fällen ebenfalls nicht. Die Regenerationskraft der Pflanze ist groß, und die entfernten Blätter werden schnell wieder neu gebildet.

Bornemann, der die Biologie von *Colchicum* speziell studiert hat, führt nachstehende Bekämpfungsmittel auf. Bornemann hat sich ein Instrument „Klauenstecher" hergestellt, mit welchem die ganze Pflanze nebst Zwiebel sich ausheben läßt. Auch das Ausstechen der Herbstzeitlosen mit einem langen Messer und Einführung einer geringen Quantität Eisenvitriol in den Stichkanal ergeben, nach demselben Autor, günstige Resultate.

Kann man eine Wiese, die mit Herbstzeitlose durchseucht ist, in Ackerland umbauen, und ist der Anbau von Getreide mehrere Jahre möglich, so ist damit auch das Verschwinden der Herbstzeitlose bewerkstelligt. Ist dies Verfahren nicht möglich, so führt das Abweiden der Wiese mit Schafen im Frühjahr teilweise zum Ziele.

Literatur: Bornemann, Die wichtigsten Landwirtschaftlichen Unkräuter. Verlag: Parey. Berlin 1910.

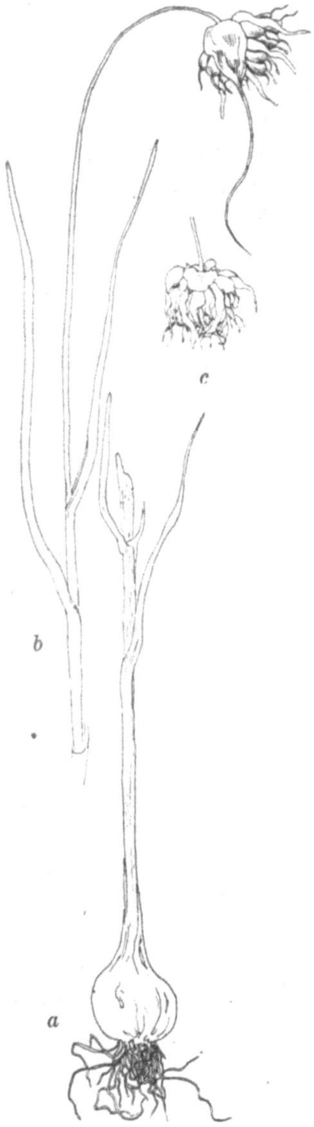

Fig. 10. *Allium vineale* L., Weinbergslauch.
a) Zwiebel mit unterem Teil der Pflanze. *b*) oberer Teil der Pflanze mit Brutzwiebeln. *c*) Köpfchen mit Brutzwiebeln. einzeln.

Allium vineale L., Weinbergslauch. — Fig. 10.

Blütenstand bis 65 cm hoch. In der Blüte sind die Staubblätter länger als die Blütenhüllblätter. In dem Blütenstand entwickelt sich vielfach statt der Samenkapsel eine Zwiebel. Blüten purpurrot. Die Blätter sind ungefähr stielrund, mit einer schmalen Rinne auf der Oberseite. Das Rhizom ist eine Zwiebel, welche eine Anzahl Tochterzwiebeln trägt.

Vorkommen: Auf allen Bodenarten. Als Unkraut gern in Weinbergen, auch auf Äckern zwischen sandigen Hügeln. Häufiger im Süden.

Nutzen: Weinbergslauch wird vom Vieh anscheinend gern angenommen. Das in der Pflanze vorhandene Knoblauchsöl bewirkt aber, daß die Milch und die Butter einen unangenehmen Knoblauchsgeruch annehmen.

Verbreitung: Durch Brutzwiebeln und, wenn eine Samenkapsel sich entwickelt hat, auch durch Samen. Die Zwiebeln liegen in einer Tiefe von ca. 20 cm im Boden.

Schaden: Die Brutzwiebeln werden mit dem Getreide, besonders dem spätreifenden (Weizen) geerntet, gelangen beim Dreschen unter das Korn, werden beim Vermahlen zerquetscht und lassen durch ihren Ölgehalt das Mehl widerlich nach Knoblauch riechen.

Bekämpfung: Die Samen und die sich entwickelnden jungen Pflanzen werden, da sie bis zur Entwicklung der Zwiebel im Boden, eine längere Zeit gebrauchen, durch die Ackerkulturgeräte vernichtet. Die Brutzwiebeln lassen sich schwer durch die Getreidereinigungsmaschinen, da sie an Größe und Gewicht mit den Getreidekörnern übereinstimmen, entfernen. Deshalb ist Vorkommen des Weinbergslauchs ein Grund zur Aberkennung des Feldes bei anzuerkennendem Saatgut.

Zur Bekämpfung der Mutterknolle mit ihren Tochterzwiebeln, welche als schlafende Augen betrachtet werden können, die nur dann ausschlagen, wenn die Mutterknolle verletzt ist, dient vor allem die Umwandlung des Ackers in eine mehrjährige Weide und die Aussaat von dicht bestandenen Futterpflanzen (Luzerne), welche mehreremal im Jahre gemäht werden und so allmählich die Vernichtung des Weinberglauchs herbeiführten.

Andere Allium-Arten, wie

Allium rotundum L., Runder Lauch, ♃, und

Allium sphaerocephalum L., Kopflauch, ♃,

unterscheiden sich von *Allium vineale* durch ihre Blätter und dadurch, daß sie keine zwiebeltragende Blütenstände besitzen.

Allium schoenoprasum L., Schnittlauch, ♃,

unterscheidet sich von *Allium vineale* durch flache Blätter und kürzere Staubfäden, entwickelt aber ebenfalls in dem Blütenstand Zwiebeln.

Alle drei werden in den Gärten als Gewürzpflanzen gebaut.

Polygonaceae Juss., Knöterichgewächse.

Zu dieser Familie gehören *Polygonum*, Knöterich, und *Rumex*, Ampfer. Beide kommen auf unseren Kulturländern als Unkräuter vor.

Die Rumex-Blüte hat die Formel $P3+3\ A\,3+3\ G(\underline{3})$, wobei die einzelnen Kreise quirlartig stehen. (Blütenhülle, Staubblätter, Fruchtknoten (oberständig.) Die Nebenblätter am Grunde der Blätter sind miteinander zu einer Tüte (Ochrea) verwachsen. Die Blätter zerfallen beim Vertrocknen und sind im Heu wertlos.

Rumex acetosa L., Sauerampfer. — Fig. 11.

Die Stengel sind 30—60 cm hoch. Die Blätter sind am Grunde pfeilförmig gestaltet. Die Ochrea ist frei am Rande zerschlitzt. Der Sauerampfer ist ♃. Der Wurzelstock hält mehrere Jahre für sich aus; in der Kultur kann man durch Zerteilung desselben Stecklinge herstellen. Der Fruchtstand ist eine endständige Rispe. Die Früchte sind von den größeren Perigonblättern umhüllt. Die Frucht ist dreikantig, rötlichbraun und stark glänzend.

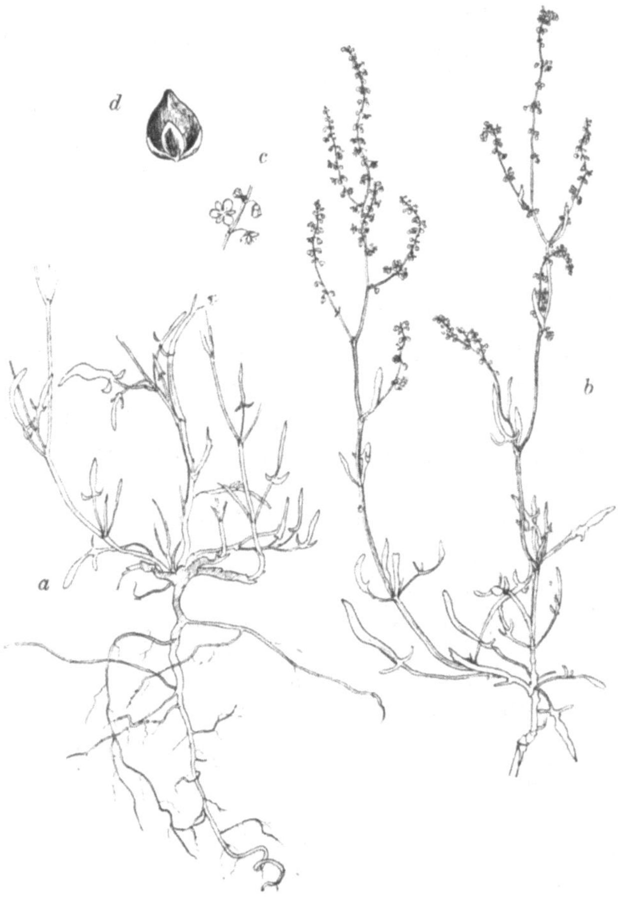

Fig. 11. *Rumex acetosella L.*, Kleiner Ampfer.
a) Wurzel mit unterem Teil der Pflanze. *b*) Blütenstand. *c*) Blüte vergrößert. *d*) Frucht.

Der saure Geschmack der Blätter rührt von der auch in der Wurzel und den Samen enthaltenen Oxalsäure her.

Vorkommen: Sauerampfer kommt meist auf guten, feuchten Wiesen vor; sein Vorkommen deutet immer auf guten Boden, der reichen Graswuchs zeigt, hin. Der Stengel wird beim Sauerampfer bei der Reife rot. Bei massenhaftem Vorkommen erscheint deshalb das Feld rot überlaufen.

Bekämpfung: Ob *Rumex acetosa L.*, der Große Sauerampfer, *Rumex obtusifolius L.*, der Stumpfblättrige Ampfer, oder *Rumex crispus*, Krauser Ampfer, oder *Rumex acetosella L.*, (Fig. 11), der Kleine Sauerampfer, oxalsäurehaltiger ist, ist noch nicht erwiesen. Sie verschwinden bei Kalkung und Drainage eines zu feuchten Bodens.

Rumex crispus L., Krauser Ampfer.

Samen- und Wurzelunkraut. Der Stengel wird bis 1 m hoch. Die Blätter sind lanzettlich, kraus gewellt. Die Wurzelblätter sind breiter. Die Wurzel ist eine Pfahlwurzel, welche im Laufe der Jahre, da die Pflanze ausdauernd ist, eine ziemliche Stärke erreicht. Der Fruchtstand ist zusammengezogen, aber ausgebreitet. Die Früchte sind ohne Fruchthülle, dreikantig, glänzend und rotbraun.

Krauser Ampfer wird vom Vieh nur ungern gefressen oder ganz verschmäht.

Vorkommen: Auf bindigem Sandboden und auch auf stärker bindigem Boden, immer aber muß der Boden tragkräftig sein.

Bekämpfung: Der stark entwickelte Stengel setzt der Sense und der Mähmaschine starken Widerstand entgegen. Die zähe Pfahlwurzel widersteht ebenso der Hacke. Beim Pflügen ergibt sich die Möglichkeit zur Bekämpfung durch Auflesen der aufgepflügten Wurzeln und Verbrennen derselben.

Rumex acetosella L., Kleiner Ampfer.

(Die ganze Pflanze ist *Rumex acetosa L.* (Fig. 11) ähnlich, nur kleiner.)

Der einfache oder verästelte Stengel wird bis 25 cm hoch. Die Blätter sind am Grunde spießförmig. Ochrea zerschlietzt. Die äußeren Perigonblätter sind angedrückt, die inneren nicht vergrößert. Die Wurzel ist im Boden weit verzweigt und entwickelt aus Adventivwurzeln neue Triebe.

Die Früchte sind bedeutend kleiner als die von *Rumex acetosa*, nur 1 mm lang, dreikantig und glänzend rotbraun. Die Blätter enthalten Oxalsäure, welche im Tierkörper die Alkaleszenz des Blutes herabsetzt.

Vorkommen: Auf armen, sandigen Böden, denen er durch sein wohlausgebildetes Wurzelsystem die karge Nahrung entzieht. Das von ihm besiedelte Feld erscheint zur Zeit der Reife rot. Die Pflanze zeigt Kalkarmut des Bodens an.

Bekämpfung: Durch Pflügen und Eggen läßt sich der kleine Ampfer schwer bekämpfen, da die Wurzeln selbst bei trocknem Wetter schwer vertrocknen und von neuem ausschlagen, sobald Niederschläge eintreten. Dagegen sind die Stallmistdüngung und die Kalkung des Bodens die geeigneten Mittel, um den kleinen Ampfer zu verdrängen.

Polygonum L., Knöterich.

Die Blütenteile sind nicht wie bei *Rumex* quirlartig angeordnet sondern spiralig. Die Anzahl der Blütenhüllblätter ist meistens 5. Die Anzahl der Staubblätter wechselt von 5 bis 8. Die Früchte sind meistens flach, herzförmig eingeschnitten, außer bei *Polygonum convolvulus* L., Windenknöterich, wo sie dreikantig wie bei *Rumex* sind. Die Früchte sind von der stehenbleibenden Blütenhülle umgeben. Knöterich ist ein richtiges Samenunkraut.

Polygonum lapathifolium L., Ampferblättriger Knöterich.

Der bis 1 m hohe Stengel ist an den Knoten stark verdickt und vielfach rot gefleckt. Die Ochrea (Tüte) ist locker, am Rande bewimpert. Die Blütenhülle ist rosa oder weiß. Die Früchte sind flach, kreisrund, auf beiden Seiten vertieft und glänzend rotbraun.

Vorkommen: Auf feuchtem Boden, an Gräben, Sümpfen, in Klee- und Grassaat.

Bekämpfung. Die Früchte keimen im Frühjahr. Bei der Frühjahrsherrichtung des Feldes wird deshalb auch ein großer Teil der Keimlinge vernichtet. Hackfruchtbau ist deshalb zu empfehlen. Nur muß das Hacken zeitig einsetzen und bei Kartoffelanbau nach der Ernte noch gehackt oder gejätet werden. Wintergetreide, wenn es gut steht, läßt den Knöterich nicht aufkommen.

Polygonum convolvulus L., Windenknöterich. — Fig. 12.

Der windende, kantige Stengel wird bis 1 m lang. Die Blätter sind den Blättern der Windengewächse ähnlich und pfeilförmig. Die Blüten stehen in Ähren in den Blattwinkeln. Die Früchte sind dreikantig, auf der runzeligen Oberfläche mit feinen Warzen besetzt, daher matt, häufig noch von der grünlichen Blütenhülle umschlossen.

Vorkommen: Winden-Knöterich, im Getreide vorkommend, windet sich um die Getreidehalme, zieht dieselben herunter und bringt sie zum Lagern. Die Früchte finden sich zumeist in der Klee- und Luzernesaat.

Bekämpfung: Reines Saatgut.

Polygonum dumetorum L., Hecken-Knöterich, ähnlich in der Tracht wie *Polygonum convolvolus*, kriecht auf Hecken, Zäunen, aber auch auf Kulturland, zumal in Klee- und Luzernesaat umher.

Polygonum bistorta L., Wiesen-Knöterich, Schlangenwurzel. — Fig. 13.

Der bis 1 m hohe, nichtverästelte Stengel trägt an der Spitze eine Ähre mit rötlich-weißen Blüten. Die Blätter sind wellig gebogen. Die Früchte sind drei-

Fig. 12. *Polygonum convolvulus* L., Windenknöterich. *a*) Pflanze, am Getreidehalme sich windend. *b*) Blüte, im Blattwinkel stehend. *c*) Frucht (Nuß).

kantig, glänzend braun, am oberen Ende zugespitzt, häufig noch von der braunroten Blütenhülle umgeben. Das Rhizom liegt ziemlich flach, wagerecht im Boden. Es zeigt auf dem Querschnitt

Fig. 13. *Polygonum bistorta L.* Wiesenknöterich.
a) Rhizom. *b*) Blütenstand (Ähre). *c*) Frucht mit Blütenhülle.
d) Frucht (dreikantiges Nüßchen).

dieselbe rötlich-weiße Färbung wie die Blüten. Wiesen-Knöterich ist ein Wurzel- und Samenunkraut. Im Heu sind die getrockneten Blätter zerstäubend, nur der harte Stengel bleibt übrig, so daß die Pflanze als Futter wertlos ist.

Polygonum persicaria L., Floh-Knöterich, Pfirsichblättriger Knöterich.

Floh-Knöterich, weil die Früchte in Form, Farbe und Größe

den Flöhen ähnlich sind, oder auch, weil das Kraut die Flöhe vertreiben soll.

Der Stengel ist bis 1 m hoch, oft rot überlaufen. Die Blätter sind lanzettlich, vielfach mit schwarzen Flecken. Die eng anliegenden Tüten sind lang bewimpert. Die Früchte sind beiderseits flach, vertieft, herzförmig, glänzend schwarz. ⊙.

Vorkommen: Auf trocknem Humusboden, auf Äckern und Brachland. In Klee- und Grassaaten werden die Früchte häufig gefunden.

Bekämpfung: Wie bei *Polygonum lapathifolium L.*

Polygonum hydropiper L., Wasserpfeffer,

hat seinen Namen von dem beißenden Geschmack seiner Blätter, die für das Vieh im allgemeinen giftig, mindestens schädlich sind. ⊙. Der Wasserpfeffer kommt an feuchten Orten, Pfützen, Gräben vor.

Polygonum aviculare L., Vogel-Knöterich, Schweinegruse. — Fig. 14.

Der niederliegende, meist kriechende ästige Stengel wird bis 0,5 m lang. Die Blätter sind elliptisch bis lanzettlich. Die Blüten sitzen nicht wie bei den andern Polygonumarten in einer Rispe oder Traube, sondern einzeln in den Blattachseln. Die Blütenhüllblätter sind grün, weiß oder rot umrandet. Die leicht ausfallenden Früchte sind dreikantig, oben spitz, unten mehr abgerundet. Durch auf der Fruchtschale vorhandene Höcker matt, fast glanzlos schwarz. ⊙. Der Vogelknöterich blüht den ganzen Sommer und kommt auf allen Böden vor, ist überall sehr gemein auf Wegen, Äckern und Triften.

Bekämpfung: Gut bestandene Winterfrucht unterdrückt das Unkraut. Bei Sommergetreide und Hackfrüchten muß das Hacken zur rechten Zeit, solange die Keimlinge des Unkrauts noch ganz jung sind, einsetzen.

Chenopodiaceae Ventenat, Gänsefußgewächse.

In der Familie der Gänsefußgewächse kommen, neben Kulturpflanzen wie z. B. *Beta*, die Runkelrübe, *Spinacea*, Spinat usw., Pflanzen als Unkräuter vor, die als sog. Ruderalpflanzen bezeichnet

Fig. 14. *Polygonum aviculare L.* Vogelknöterich.
a) Frucht (Nuß).

werden (auf Schutt wachsende Pflanzen); sie gehören zu den *Centrospermae*, d. h. solchen Pflanzen, bei denen der Same — nicht im Nährgewebe liegt, sondern das Nährgewebe ringförmig umgibt.

Chenopodium album L., Gemeiner Gänsefuß, Weiße Melde. — Fig. 15.

Der bis 1 m hohe, wie die Blätter mehlig bestäubte und deswegen grau erscheinende Stengel ist verzweigt. Die einzelnen Zweige tragen blattwinkelständig und an der Spitze knäulig angeordnete Blütenstände. Die einzelne Blüte ist ohne Blumenkrone und mit einem 5teiligen Perigon (einfache Blütenhülle) (5 Staubblätter und 2—5 Narben) ausgestattet.

Die 1—1,5 mm im Durchschnitt große Frucht ist schneckenförmig eingerollt, platt, glänzend schwarz, vielfach von den Resten der Fruchthülle grau bestäubt. Manchmal haftet noch um die Frucht das 5teilige Perigon. ⊙.

Fig. 15. *Chenopodium album L.* Gemeiner Gänsefuß.
a) Frucht (Nuß). *b*) Blütenstand (Trugdolde).

Gänsefuß wird vom Vieh gern gefressen. In den Kriegsjahren diente er auch zur menschlichen Nahrung.

Vorkommen; Überall, wo der Boden reich an Nährstoffen ist, siedelt sich auch die weiße Melde an.

Bekämpfung: Als Frühjahrskeimer treten die Gänsefußgewächse zwischen den locker stehenden Kulturpflanzen hervor. Deshalb muß auf das rechtzeitige Hacken besonderes Gewicht gelegt werden. Sie sind sehr lebenszähe und dürfen nicht in den Reihen nach dem Hacken liegen bleiben, sondern müssen entfernt werden. Besonders bei Kartoffeln, zwischen denen sie sich gern entwickeln, muß auch nach der Ernte hierauf geachtet werden.

Wie *Chenopodium album L.*, gemeiner Gänsefuß, sind auch die anderen Chenopodien zu behandeln: z. B. *Chenopodium polyspermum L.*, Vielsamiger Gänsefuß, *Chenopodium hybridum L.*, Unechter Gänsefuß, einjährige Pflanzen, und *Chenopodium bonus henricus L.*, Guter Heinrich, der ausdauernd ist.

Atriplex L., Melde.

Die *Atriplex*-Arten sind in der Frucht den *Chenopodiaceae* ähnlich. In bezug auf die Blütenhülle und später auf die Fruchthülle sind sie verschieden. Letztere besteht nicht aus 5 Perigonblättern, sondern nur aus 5 Vorblättern, welche bis zur Mitte der Frucht reichen und mit der zunehmenden Reife sich vergrößernd die Frucht einhüllen.

Atriplex patulum L., Ausgebreitete Melde.

Atriplex calothecum Fries, Pfeilblättrige Melde.

Atriplex hortense L., Gartenmelde.

Die Gartenmelde wird als Gartenpflanze gebaut. Frucht platt, nierenförmig, gelblich, von den Vorblättern flügelartig umgeben. ⊙. Die Früchte von *Atriplex patulum L.*, ausgebreitete Melde, und von *Atriplex hastatum L.*, spießblättrige Melde, sind ebenfalls platt, von spießförmigen Blütenhüllen umgeben. Wie die *Chenopodiaceae* kommen die Melden als Ruderalpflanzen gern auf unbebauten Orten in salzhaltigem Boden vor.

Bekämpfung: Wie bei den *Chenopodiaceae.*

Caryophyllaceae Juss., Nelkengewächse.

Einjährige oder ausdauernde Kräuter mit einfachen länglichen, in der Regel gegenständigen Blättern, Blüte in Kelch und Krone gegliedert: fünfzählig. Kapselfrüchte mit zahlreichen Samen.

Agrostemma githago L., Kornrade. — Fig. 16.

Der Stengel der Kornrade wird bis 1 m hoch. Die gegenständigen Blätter sind lang zugespitzt, linealisch. Die Blumenkrone ist fünfteilig. Blütenblätter purpur nach lila hin. Die Kelchzipfel sind länger, als die Blumenkrone. Die ganze Pflanze ist zottig behaart.

Die Frucht ist eine einfächerige, harte Kapsel, welche mit 5 kleinen Zähnen aufspringt. Die Samen sind nierenförmig, 3—4 mm dick, vom 2,5 mm dicken Rücken aus verschmälern sie sich nach dem Nabel zu. Sie erhalten durch konzentrisch angeordnete Reihen von kurzspitzen Höckern ein stacheliges Aussehen.

Die Samen der Kornrade enthalten Githagin (ein Glykosid, das zuerst in der Wurzel von *Saponaria officinalis*, Seifenwurzel, von Schrader gefunden und mit Saponin bezeichnet wurde), welches auf Menschen und Tiere giftig wirkt. (Danger erwähnt allerdings einen Fall, wonach Samen von Kornrade in größerer Menge [34 % des Futtergemisches] ohne Schaden verfüttert worden seien. — Hagemann in Bonn hat durch Fütterungsversuche festgestellt, daß die Fütterung von Radesamen nur bei trächtigen Tieren zu vermeiden ist.)

Von den Tieren wird im allgemeinen Futtergemenge mit Radesamen verschmäht.

Fig. 16. *Agrostemma githago L.* Kornrade. *a*) geschlossene Blüte. *b*) reife Kapsel. *c*) Frucht. *d*) Unterer Stengel.

Wird Radesamen mit dem Korn gemahlen, so bekommt das Mehl eine unangenehme, bläuliche Färbung. ⊙ und ①.

Vorkommen: Die Kornrade kommt in Weizen- und Roggenfeldern, sowohl im Winter- wie im Sommergetreide vor.

Bekämpfung: Durch reines Saatgut wird die Kornrade von selbst aus den Feldern verschwinden.

Andere Caryophyllaceen, welche man vielfach wild auf den Feldern findet, werden in unseren Gärten auch als Zierblumen gezüchtet, wie:

Dianthus caryophyllus L., Gartennelke,
„ *deltoides L.*, Heidenelke,
„ *caesius Smith*, Pfingstnelke,
„ *barbatus L.*, Bartnelke.

Treten die Nelkengewächse auf unseren Wiesen und Weiden auf, so sind sie als gute Futterpflanzen anzusehen.

Stellaria media L., Vogelmiere oder Mäusedarm

ist in Gärten und Feldern weit verbreitetes Unkraut, das oft den Boden ganz überzieht. ⊙ u. ①. Als Saatgut im Getreide kommt sie wenig vor und ist durch Absieben leicht zu entfernen. Die Samen bleiben viele Jahre keimfähig im Boden.

Ranunculaceae Juss., Hahnenfußgewächse.

Die Hahnenfußgewächse sind in ihrer Blütenbildung verschieden. Bei der einen Gruppe sind die Blütenblätter verkümmert, und es übernimmt der Kelch deren Funktion. Bei der anderen Gruppe sind Kelch und Krone vorhanden. Bei manchen Hahnenfußgewächsen sind die Staubblätter ihrer Eigenschaft der „Pollenbildung“ verlustig gegangen; sie sind „staminodial“ geworden und tragen als Honigblätter am Grunde der umgewandelten Staubblätter Honigdrüsen.

Der Fruchtknoten der *Ranunculaceae* ist vielfach nicht zu einem gemeinsamen Gebilde, einer Kapsel oder Beere zusammengewachsen („synkarp“), sondern aus jedem Fruchtblatt entsteht eine einzelne Frucht oder ein Nüßchen („apokarp“).

Alle *Ranunculaceae* enthalten Stoffe, welche dem tierischen Organismus nicht zusagen, ja als für ihn direkt giftig bezeichnet werden müssen. Diese mehr oder minder giftigen Stoffe verlieren sich, wenn die Pflanzen getrocknet sind, also im Heu.

Ranunculus sceleratus L., Gift-Hahnenfuß.

Der hohle Stengel wird bis 1 m hoch. Die glänzenden Blätter sind dreiteilig. Die Honiggrübchen liegen frei. Die kleine, blaßgelbe Krone ist 1 mm lang und breit, am Rande mit einer vertieften Linie versehen.

Die Früchte sind einsamige Nüßchen, die sich auch im Gras und in der Kleesaat finden. Der Gift-Hahnenfuß soll auch im Heu noch giftig wirken. ⊙ und ①.

Vorkommen: Auf feuchten Wiesen, an Gräben und am Ufer der Gewässer.

Ranunculus repens L., Kriechender Hahnenfuß.

Der bis 0,5 m hohe Stengel ist mit kriechenden Ausläufern versehen. Die Blätter sind dreiteilig, die einzelnen Blättchen wiederum dreispaltig. Die Blütenblätter sind goldgelb.

Die Früchte sind 3 mm lang, bald heller, bald dunkelbraun, auf der Oberfläche fein punktiert, mit fast geraden Spitzchen. ♃. Giftig.

Vorkommen: Auf feuchten Wiesen und Geländen.

Ranunculus flammula L., Brennender Hahnenfuß.

Der bis 0,5 m hohe, aufstrebende oder mit geraden Gliedern liegende und wurzelnde Stengel trägt unten elliptische, oben lanzettliche Blätter. Die Blütenblätter sind hellgelb.

Die Früchte sind 1 mm lange, glatte, mit einem kurzen zurückgekrümmten Spitzchen ausgestattete Nüßchen ♃. Giftig.

Vorkommen: Auf feuchten Wiesen und Wasserrändern.

Ranunculus acer L., Scharfer Hahnenfuß. — Fig. 17.

Der Stengel wird bis 1 m hoch. Die unteren Blätter sind handförmig, fünfteilig, die oberen dreiteilig mit linealischen Zipfeln. Stengel und Blätter sind angedrückt behaart. Der Wurzelstock ist kurz, abgebissen.

Die Früchte sind 2—3 mm lang, glatt, bräunlich, am Rande schmal geflügelt, mit fast geraden oder etwas gekrümmten Schnabel. ♃. Giftig.

Vorkommen: Auf Wiesen, in Gebüschen.

Ranunculus arvensis L., Acker-Hahnenfuß.

Der oben verästelte Stengel wird bis 60 cm hoch. Die unteren Blätter sind ungeteilt oder dreiteilig, die oberen dreizählig. Die Blütenblätter sind blaßgelb.

Fig. 17. *Ranunculus acer L.* Scharfer Hahnenfuß.
a) Unterer Stengel mit handförmigen Blättern. *b*) Oberer Stengel mit linealischen Blättern. *c*) Blüte. *d*) Sammelfrucht (Nüßchen).

Die Früchte sind große, 4—6 mm lange, braune, flache Nüßchen, an den Rändern mit langen, etwas gekrümmten Schnabel versehen. ⊙ und ①.

Vorkommen: In Mittel- und Süddeutschland auf schweren, feuchten Böden, im Getreide (Winterung und Sommerung) auftretend. Giftig?

Bekämpfung der Hahnenfußgewächse: Schwer zu bewerkstelligen. Bei Anlage neuer Kulturen: reines Saatgut. Sorgsame Pflege der Bodenbestellung und der Kulturpflanzen. — Da fast alle Hahnenfußgewächse feuchten Boden und feuchte Wiesen als Standort lieben, kann bei Überhandnahme dieser Unkräuter eine Entwässerung beseitigende Zweckdienste leisten.

Caltha palustris L., Sumpfdotter-, Butter-, Schmalzblume, Schmirgel. — Fig. 18.

Der oben verästelte Stengel ist 30—50 cm hoch. Die unteren Blätter sind herz-eiförmig, nierenförmig, dunkelgrün, glänzend,

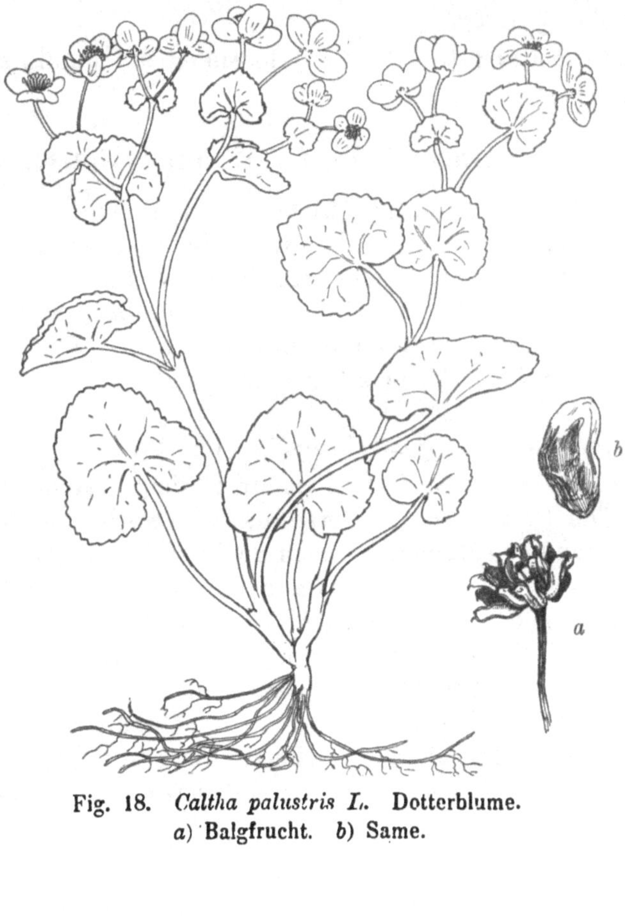

Fig. 18. *Caltha palustris L.* Dotterblume.
a) Balgfrucht. *b*) Same.

gestielt; die oberen fast sitzend. Die Blütenblätter fehlen. Die Kelchblätter sind goldgelb.

Die Früchte sind Balgfrüchte, welche zwei Reihen Samen enthalten. Die Samen sind schwarz, glänzend, oval oder verbogen.

Die Blätter und die unreifen Früchte sind giftig. Im Heu ist der Giftstoff nicht mehr vorhanden. Aber Heu mit vielen Blättern der Sumpfdotterblume ist minderwertig. ♃.

Vorkommen: Auf feuchten und torfigen Wiesen.

Bekämpfung: Wo es angängig ist, Entwässerung.

Delphinium consolida L. Feld-Rittersporn.

Die in Trauben stehenden Blüten haben 5 blumenblattartige, azurblaue Kelchblätter, deren oberstes in einen Sporn ausgezogen ist. Dreiteilige linealische Blätter. Frucht eine Balgkapsel. Kräftige Pfahlwurzel. ⊙ u. ①.

Vorkommen: In manchen Gegenden ein häufiges Getreideunkraut.

Papaveraceae, D. C. Mohngewächse.

Steifhaarige Kräuter mit Milchsaft und fiederförmig eingeschnittenen Blättern. Charakteristisch ist die scharf abwärts gekrümmte Lage der Blütenknospen. Die Kelchblätter fallen vor der Entfaltung der Blüten ab. Frucht eine mehrkammerige Porenkapsel.

Als Samenunkräuter treten bei uns mehrere Vertreter der Gattung Mohn: *Papaver L.*, auf, vor allem

Papaver rhoeas L., Klatschrose. — Fig. 19.

Der bis 60 cm hohe Stengel ist mit steifen, abstehenden Haaren besetzt. Die Blätter sind fiederteilig, kurz gestielt. Die Blüte ist wie bei den anderen Mohnarten nach der Zweizahl gebaut. Die Frucht ist eine Kapsel, die aus vier oder zahlreichen Fruchtblättern verwachsen ist. Die 4 Blütenblätter der Klatschrose sind kardinalrot mit schwarzen Flecken am Grunde. Die Kapsel der Klatschrose setzt sich aus 8—12 Fruchtblättern zusammen. Sie ist kurz verkehrteiförmig, kahl und eine „Porenkapsel", welche die Samen durch die Öffnungen unter der oberen Narbendeckung entläßt. Die Samen sind nierenförmig gebogen. Die Wurzel dringt nur flach in den Boden ein.

Die Klatschrose wird wie ebenfalls die anderen Mohnarten vom Vieh gefressen, und zwar so lange sie jung ist, ohne Schaden. Wenn sie älter geworden, wirkt sie durch den Milchsaft in der Pflanze schädlich.

Vorkommen: Auf bindigem, feuchtem Boden, aber auch in Kalkgegenden. Meistens im Frühjahr keimend, tritt die Klatschrose im Sommergetreide auf, jedoch auch im Herbste keimend, findet sie sich im Wintergetreide und im Winterraps. Je besser der Boden gedüngt ist, um so üppiger wird ihr Wuchs.

Bekämpfung: Durch geeignete Fruchtfolge, durch Anbau von Hackfrüchten und die damit verbundenen Arbeiten.

Fig. 19. *Papaver rhoeas L.* Klatschrose. *a)* Kapsel von *Pap. rhoeas L.*, Krummborstiger Mohn, *b)* von *Pap. argemone L.*, Sandmohn.

Papaver argemone L., Sandmohn; Papaver hybridum L., Krummborstiger Mohn; Papaver dubium, Klatschrose,

unterscheiden sich von *Papaver rhoeas L.* durch die Behaarung, die Blütenblätter, vor allem aber durch die Form der Kapsel, welche bei *P. argenome L.* und *P. dubium L.* bedeutend länger, bei *P. hybri dum* und *rhocas* mehr rundlich geformt ist. (Fig. 19 a, b.)

Vorkommen: Vorstehende sind alle Frühjahrskeimer, deren Entwicklung infolgedessen auch nur in Sommerung stattfindet.

Bekämpfung: Durch Hackfruchtbau wie bei *Papaver rhoeas*, unschwer zu erreichen.

Cruciferae Juss., Kreuzblütler.

Diese sind gekennzeichnet durch ihre Blüte, welche die Formel $K\,2 \times 2; C\,4; A\,2 \times 2^2; G(2)$ hat, das heißt: der Kelch (K) besteht aus 2mal 2, die Krone (C) aus 4 Blättern; der Staubblattkreis (A) enthält 6 Staubblätter (2 sind einfach geblieben; 2 haben sich verdoppelt (2^2) und sind länger als die einfachen; der Fruchtblattkreis (G) hat 2 Fruchtblätter, einen Griffel mit 2 verwachsenen Narben. Die Blüten stehen in Trauben. Frucht eine Schote, die durch eine falsche Scheidewand zweifächerig wird und sich klappig öffnet. Die Samen bleiben mit der Scheidewand am Tragstiele erhalten.

Fig. 20. *Raphanus raphanistrum L.* Hederich.
a) Blüte mit anliegenden Kelchblättern.
b) Gliederschote.

Raphanus raphanistrum L., Hederich. — Fig. 20.

Auf dem Grunde der Blüte sitzen Nektarien mit Honigabsonderung. Die Wurzel ist eine Pfahlwurzel. Die Blütenfarbe ist blaß gelb mit dunkleren, violetten Adern. Der Kelch liegt stets aufrecht. (Unterschied von *Sinapis arvensis L.*)

Die unteren Blätter sind leierförmig, die oberen lanzettlich. Der Halm wird bis 50 cm hoch und ist, wie auch die unteren Blätter, mit abwärts gerichteten Haaren besetzt. ⊙

Die Frucht ist eine sogenannte Gliederschote, d. h. sie ist zwischen den einzelnen Knoten zusammengezogen, so daß einzelne Glieder entstehen, welche bei der Reife leicht auseinanderfallen. Spaltet man ein solches Glied, so findet man den braunen, ölreichen Samen. Die Samen können jahrelang keimfähig im Boden liegen, um, wenn sie durch Tiefpflügen oder sonstige Erdbewegung in eine für die Keimung günstige Lage im Erdboden gebracht sind, doch noch zu keimen. — Es zeigt sich dann Hederich auch dort, wo er lange Jahre nicht aufgetreten ist.

Sinapis arvensis L., (auch *Brassica sinapistrum* Boissier), **Ackersenf** (fälschlich auch Hederich genannt). — Fig. 21.

Blüte gebaut wie beim Hederich; nur stehen die Kelchblätter in einem Winkel von 45—90° ab zum Unterschied von *Raphanus*, bei welchem die Kelchblätter anliegend sind.

Die Blütenfarbe ist goldgelb und zeigt keine abstechende Aderung auf den Blütenblättern. Auf dem Grunde der Blüten befinden sich Nektarien mit Honigabsonderung. Die unteren Blätter sind leierförmig, die oberen länglich. Der weich behaarte Stengel wird ca. 60 cm hoch. Die Wurzel ist eine Pfahlwurzel. ⊙.

Die Frucht ist eine geschnäbelte Schote, die mit zwei dreiaderigen Klappen aufspringt und die glatten, schwarzen 1—1,5 mm im Durchmesser großen Samen entläßt. Die Samen selbst können mehrere Jahre im Boden liegen, ohne zu keimen.

Vorkommen: Ackersenf und Hederich kommen nicht miteinander auf demselben Acker vor. Man kann diese Erscheinung noch nicht genügend erklären. Es heißt, daß der Ackersenf mehr humosen Boden, der Hederich dagegen mehr mageren Boden bevorzuge. In neuerer Zeit will man gefunden haben, daß der Ackersenf alkalischen Boden, der Hederich dagegen sauren Boden zum gedeihlichen Wachstum benötige.

Ackersenf und Hederich sind äußerst schädlich. Sie entziehen dem Boden eine große Menge Nährstoffe. Außerdem nehmen sie durch ihre breiten Blätter den jungen Kulturpflanzen Luft und Licht weg. Wo sie nicht bekämpft werden, erwecken sie bald den Eindruck einer Reinkultur von Ackersenf und Hederich, so überwuchern und unterdrücken sie die eigentliche Saat.

Bekämpfung von Ackersenf und Hederich:

1. Die beim Reinigen des Getreides abfallenden Ackersenf- und Hederichsamen dürfen nicht, ohne durch Dämpfe getötet zu sein, verfüttert werden. Es hat sich gezeigt, daß ein großer Prozentsatz nicht abgetöteter Samen den Tiermagen und Darm passiert, ohne

daß die Keimfähigkeit Schaden erlitten hätte. Mit dem Dünger werden solche Samen wieder auf den Acker gebracht.

2. Bodenbearbeitung mit der Schleife; Eggen, um die noch jungen Pflanzen zu entfernen; Hacken mit der Hand oder mit der Hackmaschine.

Fig. 21. *Sinapis arvensis L.* Ackersenf. a) Blüte mit abstehenden Kelchblättern. b) geschnäbelte Schote.

3. Nach der Ernte des Sommergetreides die ausgefallenen, zugleich keimfähig auflaufenden Ackersenf- und Hederichsamen durch Schälen der Stoppel entfernen.

4. Durch schnellwüchsige Wintersaaten wie Raps, Wintergerste den Hederich und den Ackersenf beschatten und so wenigstens schwächen. Handjätemaschinen sind, wie wiederholte Prüfungen gezeigt haben, nicht zu gebrauchen.

5. Durch Einwirkung chemischer Mittel. Zu diesem Zwecke sind einerseits Mittel verwendet worden, die für jede Pflanze giftig sind, anderseits Stoffe, die neben der Wirkung der Bekämpfung zugleich als Düngstoffe dienen.

a) Eisenvitriol, in 15—20proz. Lösung, ca. 600 l pro ha. Mit tragbaren oder Fahrspritzen wird Eisenvitriol auf die jungen

Hederich- oder Ackersenfpflanzen gespritzt, und zwar zur Zeit, wenn sie das 3.—4.—5. Blatt gebildet haben, im Frühjahr bei trockenem Wetter.

Das Mittel entzieht, wie jedes Salz, den Teilen der Blätter das Wasser, zerstört das Plasma und tötet dadurch das Gewebe.

Eisenvitriol in Pulverform auf die noch taufrischen Blätter gebracht, hat sich nicht bewährt.

b) Schwefelsäure in 3proz. Lösung ist in seiner Wirkung ähnlich, hat sich jedoch nicht so bewährt wie Eisenvitriol.

c) Kalkstickstoff als Kopfdünger, ca. 300 Pfund pro ha, hat sich auf schweren Böden als Bekämpfungsmittel bewährt, wenn er auf die noch taufrischen Blätter gestreut wird. Es werden jedoch auch die Blätter des Getreides beschädigt, ein Schaden, der allerdings durch die düngende Wirkung des Kalkstickstoffes wieder ausgeglichen wird.

d) Kainit, staubfein gemahlen, ca. 10—20 dz pro ha auf die feuchten Blätter gestreut, hat sich bewährt. Das Mittel hat gute Erfolge aufzuweisen.

Thlaspi arvense L., Feld-Pfennigkraut, Ackertäschel. — Fig. 22.

Die Pflanze wird nur 15—30 cm hoch. Die grasgrünen, buchtig gezähnten Blätter sind am Stengel sitzend. Zerrieben haben die Blätter einen lauchartigen Geruch. Der Blütenstand ist langgestreckt. Die Krone weiß. Die Früchte sind Schötchen, kreisrund und breit geflügelt.

Fig. 22. *Thlaspi arvense L.* Feld-Pfennigkraut.
a) Langgestreckter Blütenstand. *b*) Wurzel.

Die zahlreichen Samen sind 2 mm lang, flach, oval, mit schiefer Spitze, etwas glänzend, beinahe schwarz, mit 5—7 dem Rande parallel verlaufenden Riefen. ⊙ und ①.

Schaden: Der Lauchgeruch ist auch in den Samen vorhanden, und die Pflanze teilt, an Kühe verfüttert, den Lauchgeruch der Milch mit.

Vorkommen: Unter Getreide, Klee und Gras und auf Schuttstellen.

Bekämpfung: Reinigung der zur Saat bestimmten Ernte, besonders bei Gelbklee, aus dem die Samen schwer zu entfernen sind.

Früher wurde *Thlaspi* neben anderen Kreuzblütlern als Ersatz für Raps und Rübsen zur Saatgewinnung angebaut, um das in den Samen vorhandene Öl zu gewinnen.

Leguminosae, Hülsenfrüchte.

In der Regel unpaarig gefiederte Blätter. Blüten schmetterlingsförmig (Fig. 23 a). Kelch und Krone fünfblättrig. Das hintere Kronblatt ist größer als die übrigen und wird als Fahne (*vexillum*, *v*) bezeichnet. Die beiden seitlichen heißen Flügel (*alae*, *a*) und die beiden vorderen stellen das Schiffchen oder den Kiel (*carina*, *c*) dar. Sie sind in der Regel am unteren Rande verwachsen. — Staubgefäße 10, die entweder sämtlich zu einer den Fruchtknoten umhüllenden Röhre verwachsen sind oder 9 sind verwachsen und 1 ist frei. — Frucht eine Hülse (*legumen*), an Bauch und Rückennaht aufspringend mit meist vielen Samen.

Vicia hirsuta Koch, Zitterlinse. Rauhaarige Wickel. Fig. 23.

Der bis 1 m lange, kriechende oder windende, etwas behaarte, ästige Stengel trägt paarige (meist 6) Fiederblätter, die schmal, gleich breit verlaufen und vorne abgesetzt sind. Die Blattspindel endigt in einer Wickelranke.

Die bläulich-weißen Blüten sind meist in einer 6 blütigen Traube auf einem Blütenstiele angeordnet, der etwa so lang wie das Blatt ist. Die Staubblätter 9 + 1. Die Frucht ist eine dicht behaarte, länglich-eiförmige, spitz verlaufende Hülse mit 2 oder 3 Samen. Die fast kugeligen Samen sind grünlich, dunkelgefleckt, glänzend, im Alter bräunlich. Der Nabel nimmt fast die Hälfte des Samenumfanges ein und trägt vielfach auch noch einen über den Nabel sich hinziehenden Nabelstrang.

Die Zitterlinse ist eine einjährige Sommerpflanze und ein Samenunkraut. Blütezeit: Juni bis Juli.

Vorkommen: Äcker, Gebüsche, sandige Ufer.

Vicia tetrasperma Mönch, Viersamige Wicke.

Vicia tetrasperma ist der *Vicia hirsuta* sehr ähnlich, hat aber glatten Stengel und nur 3—4 Fiederblätter. Blüten blaß-violett. Die Blüten sitzen locker am Stiel, der so lang ist wie das ihn tragende Stützblatt. Die kahlen Hülsen sind gleich breit und enthalten meist 4 Samen. Die kugeligen Samen sind kleiner als die von *Vicia hirsuta*. Der Nabel, $^1/_6$ des Samens umfassend, ist dunkel bräunlich.

Fig. 23. *Vicia hirsuta L.* Rauhhaarige Wicke. *a*) Fruchtstand (Hülsen).

Die viersamige Wicke ist eine einjährige Sommerpflanze und ein Samenunkraut. Blütezeit: Juni bis Juli.

Vorkommen: Sandfelder, Gebüsche, Waldränder.

Vicia hirsuta und *Vicia tetrasperma* kommen auf demselben sandigen Boden, auf nicht zu feuchten Wiesen, aber auch auf schwerem lehmigen Boden vor.

Als nahrhafte Futterpflanzen werden sie vom Vieh gerne gefressen. Sie keimen teils im Herbst, teils im feuchten Frühjahr. Die Samen bedürfen zur Keimreife einer längeren Zeit. Manche Samen, die nicht die nötige Feuchtigkeit im Boden finden, können 2—5 Jahr im Boden liegen, bis sie unter günstigen Bedingungen auskeimen.

Fig. 23 a. Krone der Schmetterlingsblüte, in ihre Teile zerlegt (nach Miehe).

Die jungen Keimpflanzen sind anfangs unscheinbar. Offenbar bilden sie erst ihr tiefgehendes Wurzelsystem aus, um dann schnell üppig hochzuwachsen. Im Getreide ranken die Wicken sich um die Halme, um ihr Lichtbedürfnis zu befriedigen.

Neben der Nährstoffentziehung ist *Vicia hirsuta* deswegen gefürchtet, weil ihre noch nicht reifen Hülsen, die bereits keimfähige Samen enthalten, aus dem Saatgetreide wegen der gleichen Größe der Getreidekörner schwer entfernt werden können. Wird das mit *Vicia* verunreinigte Getreide nach der Schwere der Körner, wie es bei dem Schuleschen Apparat: „Aschenbrödel" geschieht, behandelt, so ist dies noch die beste Reinigungsmethode, weil die leichten Hülsen der *Vicia* in das Hinterkorn gelangen und so mit diesem abgesackt werden.

Die aus den reifen Hülsen ausfallenden Samen werden leicht ausgesiebt.

Werden die beim Dreschen und Reinigen der Ernte abfallenden Samen geschrotet, so stellen die Viciasamen wegen ihres hohen Eiweißgehaltes ein wertvolles Futter dar. Ungeschrotet passieren sie den Verdauungskanal des Viehs, ohne eine Veränderung zu erleiden.

Bekämpfung: Die Bekämpfung von *Vicia hirsuta* und *Vicia tetrasperma* verlangt vor allem reines Saatgut.

Ist auf dem Felde starke Verunkrautung eingetreten, so ist der Anbau von Hackfrüchten geboten.

Wird das Getreide (Winterroggen und Wintergerste) so gut gedüngt, daß keine Kahlstellen entstehen, so wird in solchem Bestande auch die Vicia zurückgehen.

Abwechselnd Anbau von Hackfrüchten und dicht stehenden Futterpflanzen, die mehrmals gemäht werden, bringen ebenfalls durch Schwächung der Wurzeln und Verhinderung der Samenbildung die *Vicia* als Unkraut zum Verschwinden.

Euphorbiaceae Juss., Wolfsmilchgewächse.

Die Blüten der Wolfsmilchgewächse sind zusammengesetzt aus einer weiblichen und mehreren männlichen Blüten, die nur ein Staubblatt besitzen. Die männlichen und die weibliche Blüte sind von einer gemeinschaftlichen, grüngefärbten Hülle (Cyathium, Becherhülle) umgeben. Diese besteht aus 4—5 Blättern, welche zwischen sich je ein drüsiges Organ zeigen. Die Wolfsmilchgewächse führen einen scharfen Milchsaft in ungegliederten Milchsaftschläuchen.

Die Euphorbiagewächse treten als Unkraut zum Teil in Gärten auf,

z. B.: *Euphorbia helioscopia L.*, Sonnenwendige Wolfsmilch, ⊙,

Euphorbia peplus L., Garten-Wolfsmilch, ⊙, Fig. 24.

Euphorbia lathyris L., Kreuzblättrige Wolfsmilch, ⊙,

Euphorbia platyphylla L., Breitblättrige Wolfsmilch, ⊙.

a

Fig. 24. *Euphorbia peplus L.* Gartenwolfsmilch.
a) Dreistrahlige Trugdolde.

Zum Teil auf sumpfigem Boden, in und an Gräben, auf feuchten Wiesen findet sich

Euphorbia palustris L., Sumpf-Wolfsmilch, ♃, deren Stengel 1—1,5 m hoch wird.

Zum Teil auf sandigem oder sandig-lehmigem Boden wächst

Euphorbia cyparissias L., Zypressen-Wolfsmilch. — Fig. 24 a.

Diese zeigt den typischen Blütenbau der Wolfsmilchgewächse; sie wird bis 30 cm hoch. Die Blätter sind schmal-linealisch, die Drüsen an der Becherhülle gelb-weiß. Die Frucht ist eine feinpunktierte,

Fig. 24 a. *Euphorbia cyparissias L.* Zypressen-Wolfsmilch.
a) Phizom u. unterer Stengelteil. *b)* Blütenstand. *c)* Blütenbecher. *d)* Einzelfrucht.

rauhe, gelbliche Kapsel. Die Samen sind walzenförmig, ca. 2 mm lang, grau gefärbt, mit einem gelben, warzenartigen Anhang (Caruncula) an der Spitze. ♃.

Die Wolfsmilchgewächse werden vom Vieh verschmäht wegen des scharfen Milchsaftes, der brennend schmeckt. Ob sie giftig sind, ist noch nicht sichergestellt.

Als Zwischenwirt des *Uromyces pisi* (des Erbsenrostes) und des *Uromyces striatus*, ein Rost, der auf Klee und Luzerne vorkommt, ist *Euphorbia cyparissias L.* der Träger der Aecidien, die auf der Unterseite der Blätter nisten, wodurch diese verkrüppeln.

Bekämpfung: Die einzelnen Wolfsmilcharten sind leicht dadurch zu bekämpfen, daß man sie nicht zur Samenbildung und zur Samenreife kommen läßt. Man köpft sie. Die ausdauernden Arten sind ebenfalls gegen Störung in ihrem Wachstum empfindlich. Wo die Wolfsmilchgewächse in großer Anzahl auftreten, müssen sie durch Abschneiden oder durch öfteres Abmähen auf der Wiese allmählich geschwächt und vernichtet werden.

Umbelliferae Juss., Doldengewächse.

Zur Bestimmung der Doldengewächse reicht die Blüte allein nicht aus. Es kommen hierfür außerdem in Betracht: die Blätter, Stengel und Früchte. Die Blätter der Doldengewächse sind mit Scheide, Stiel und Spreite ausgestattet und somit die am besten entwickelten Blätter im Pflanzenreich. Der Stengel ist gerifft oder glatt.

Der Blütenstand ist eine Dolde (erheben sich von der Hauptachse gestielte Blüten, die meist in einer Ebene liegen, so ist der Blütenstand eine Dolde. Tragen die Nebenachsen wieder kleine Dolden [Döldchen], so hat man es, wie bei den meisten Doldengewächsen, mit einer zusammengesetzten Dolde zu tun). Die Blüten sind nach dem Typus *K* 5, *C* 5, *A* 5, *G* 2 gleichmäßig gebaut und zeigen nur geringe Abweichungen. Unter den Blütendolden ist meist eine Hülle und unter den Döldchen ein Hüllchen, die manchmal auch fehlen können. Der Kelch (*K* 5 —) ist meist verkümmert. Die Blütenblätter C 5 sind bei einigen Umbelliferen nur am Rande der Dolden etwas größer. Die Staubblätter *A* 5-zählig zeigen weniger Verschiedenheit.

Der Fruchtknoten *G* besteht aus je 2 Fruchtblättern und ist unterständig.

Die Früchte teilen sich bei der Reife in 2 Teilfrüchte und tragen vielfach noch die Reste des Griffelpolsters. Die Früchte tragen Riefen und Tälchen und unter diesen Ölstriemen. Die Hälften liegen mit

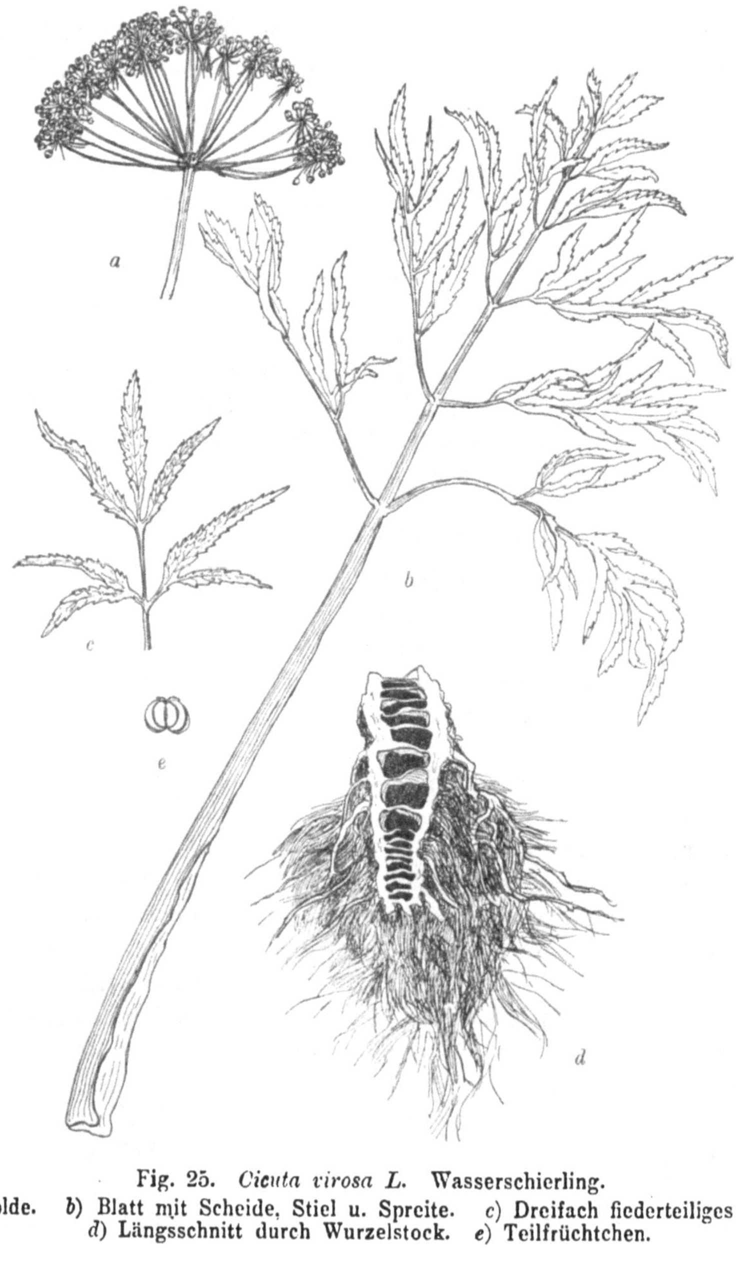

Fig. 25. *Cicuta virosa L.* Wasserschierling.
a) Dolde. *b*) Blatt mit Scheide, Stiel u. Spreite. *c*) Dreifach fiederteiliges Blatt. *d*) Längsschnitt durch Wurzelstock. *e*) Teilfrüchtchen.

ebenen Flächen dicht aneinander oder schließen zwischen sich einen mehr oder weniger ausgebildeten Hohlraum ein.

Cicuta virosa L., Wasserschierling. — Fig. 25.

Der geriefte, hohle Stengel wird 1 m und darüber hoch. Die Blätter sind dreifach gefiedert mit lanzettlichen, scharf gesägten Blättchen. Der Blattstiel ist hohl. Die Hüllen und die Hüllchen an den Dolden fehlen. Der diche, fleischige Wurzelstock ist durch Querwände gefächert. Die Fächer sind als gestaute Internodien (Zwischenknoten) aufzufassen.

Die Früchte sind nicht immer Teilfrüchte; manche sind miteinander verwachsen zu einer einheitlichen, an der Spitze mit Nabelrest gekrönter Frucht. Die Fugenseite ist gewölbt. Auf dem Rücken der Teilfrüchte erkennt man zwischen 5 breiten Rippen 5 dunkel gefärbte Ölstriemen.

Vorkommen: An Teichrändern, Gräben mit schlammigem Untergrunde, nicht auf Wiesen, ♃. Sehr giftig. Der Giftstoff, Cicutoxin, befindet sich vornehmlich in den Blättern, Früchten und im Wurzelstock.

Wenn der Wasserschierling sich auf Wiesen und in Wiesengräben kaum vorfindet, da hier die Bedingungen zu seinem Wachstum (schlammiger Untergrund) nicht gegeben sind, so kann das Kraut doch in das Heu geraten, das von Uferrändern, von Teichen, Seen, Flußläufen genommen wird.

Bekämpfung: Die Bekämpfung des Wasserschierlings geschieht durch Ausziehen der Pflanze mit dem ganzen Wurzelstock, was nicht allzuschwierig auszuführen ist, und schon deshalb geboten ist, um einer Schädigung des Viehs durch das Heu vorzubeugen.

Aethusa cynapium L., Hundspetersilie. — Fig. 26.

Der bis 1,50 m hohe Stengel ist hohl. Die glänzenden Blätter sind dreifach fiederspaltig, die Blättchen fiederspaltig oder gesägt. Die Hüllen an den Dolden fehlen. Die Hüllchen an den Döldchen sind dreiblättrig, fadenförmig und einseitswendig. Die Früchte sind, wenn sie noch zusammenhängen, kugelig. Die Teilfrüchte auf der Fugenseite sind flach, mit hohen, scharf gekielten Rippen versehen, zwischen denen die dunkelgefärbten Ölstriemen liegen. Auch auf der Fugenseite sind zwei braune, deutlich sich abhebende Ölstriemen vorhanden. Die Pfahlwurzel ist wie die Wurzel der echten Petersilie (*Petroselinum sativum* Hoffm.) gebaut.

Die Hundspetersilie ist im äußeren Aussehen der echten Petersilie ähnlich. Zerreibt man aber das Kraut, so erhält man nicht den

Fig. 26. *Aethusa cynapium L.* Hundspetersilie.
a) Pfahlwurzel. *b*) Blütendolde. *c*) Döldchen mit fadenförmigen Hüllchen. *d*) Kugelige Frucht. *e*) Fugenansicht einer Teilfrucht.

charakteristischen Petersiliengeruch. Zur Unterscheidung ist das dreiblätterige Hüllchen heranzuziehen. Außerdem hat die echte

Petersilie eine vielblättrige Hülle, während die Hülle bei *Aethusa* überhaupt fehlt. ⊙.

Vorkommen: Auf Äckern, in Gärten und an Ufern. Obschon die Hundspetersilie ein dem Coniin ähnliches Alkaloid enthält, sollen die Wiederkäuer sie ohne Schaden fressen.

Bekämpfung: Die Bekämpfung der Hundspetersilie ist, wegen ihrer Einjährigkeit durch Abschneiden der Blütenstände, leicht zu erreichen.

Heracleum sphondylium L., Gemeiner Bärenklau. — Fig. 27.

Der bis 1,5 m hohe Stengel ist gefurcht und steifhaarig. Die ebenfalls steifhaarigen Blätter sind handförmig gelappt oder geteilt. Sie erreichen eine enorme Größe, manchmal von 1 m Länge. Der Name „Herkuleskraut" besagt das schon. Die Hüllen fehlen meistens, die Hüllchen sind vielblättrig. Die Kronenblätter sind weiß oder rötlich. Die 7 mm langen und 6 mm breiten, flachen Früchte sind an der oberen und unteren Seite ausgerandet. Die Ölstriemen treten als dunkel gefärbte, nicht die ganze Frucht durchziehende Streifen hervor, und zwar auf der Außenseite 4, auf der Fugenseite 2.

Vorkommen: Auf nicht zu feuchten Wiesen, an Wäldern und in Gebüschen. Bärenklau breitet sich hier besonders aus, wenn der Boden bindig ist und gute Dungkraft enthält. ♃. Blütezeit Juni bis Herbst.

Nutzen: Bärenklau wurde früher wegen seiner im Grummet reichen Blattmasse, die vom Vieh gerne gefressen wird, geschätzt. Heutzutage ist er als Futterpflanze ausgeschieden. Ähnlich, vielleicht noch größer in seinen Ausmessungen, ist das als „sibirisches Futterkraut" früher empfohlene „*Heracleum sibiricum*", das in bezug auf Nutzen, Schaden und Bekämpfung wie *Heracleum sphondylium* zu bewerten ist.

Schaden: Bärenklau richtet durch seine große Blattmasse, welche in weitem Umkreis der Pflanze den guten Wiesengräsern die Belichtung nimmt, Schaden an. Außerdem entzieht er dem Boden mehr Nährstoffe, als er einzubringen vermag. Die Blätter im Heu vertrocknen, zerreiben sich allmählich derartig zu Pulver, daß nur der harte, holzige Stengel im Heu zurückbleibt.

Bekämpfung: Abschneiden der Blütenstände, Ausgraben bzw. Abstechen der Wurzeln; Beweiden während der Zeit der Blattentwicklung, die erst spät eintritt, führt auch allmählich zum Ziele.

Eine starke Kaliphosphatdüngung beschleunigt die Ausrottung wie bei anderen Doldengewächsen auch.

Torilis anthriscus Gmelin, Gemeiner Klettenkerbel.

Samenunkraut. Der bis 1,25 m hohe, eckig gefurchte Stengel ist rauh und mit abwärts gerichteten Haaren besetzt. Die Blätter

Fig. 27. *Heracleum sphondylium L.* Gemeiner Bärenklau. *a*) Handförmig gelapptes Blatt. *b*) Blüte. *c*) Teilfrüchtchen.

sind doppelt gefiedert, die Blättchen länglich eingeschnitten-gesägt. Die Dolde ist langgestielt, flach. Die Kronenblätter sind weiß oder rötlich. Die Hülle ist reichblättrig. Die Früchte sind mit Stacheln versehen, die aber an der Spitze nicht wie bei anderen *Torilis*arten, Widerhaken besitzen. ⨀ bis ⊙.

Vorkommen: Auf allen Böden, die feucht sind, aber ohne stauende Nässe, an Zäunen, in Gebüschen.

Schaden: Die Horste besetzen den Platz für Kulturpflanzen und saugen für den hohen Aufbau der stark entwickelten Pflanze zuviel Nährstoffe auf.

Bekämpfung: Abschneiden der Blüten und der Früchte, welche im August reifen, um die Samenausstreuung zu verhindern.

Anthriscus silvestris Hoffmann, Waldkerbel, Wiesenkerbel. — Fig. 28.

Samen- und Wurzelunkraut.

Der bis 1,25 m hohe Stengel ist kantig, im unteren Teil rauhhaarig, oberwärts kahl. Die Blätter sind 2—3fach fiederteilig gespalten. Die einzelnen Fiedern sind wiederum fiederspaltig, auf der Oberseite glänzend.

Die Hülle der Dolde fehlt vielfach. Die rippenlosen, glatten Früchte sind langgestreckt (5—6 mm), an der Fugenseite gefurcht oder hohl und mit einem kurzen Schnabel an der Spitze ausgestattet (unter europäischen Grassaaten vorkommend). ♃.

Vorkommen: Im Walde, auf Wiesen, an Flußufern und besonders dort, wo mit Jauche gedüngt wird. Im jugendlichen Zustande wird der Wiesenkerbel vom Vieh gerne gefressen, da er, wie alle Doldengewächse, ein ätherisches Öl enthält, das appetitanregend wirkt.

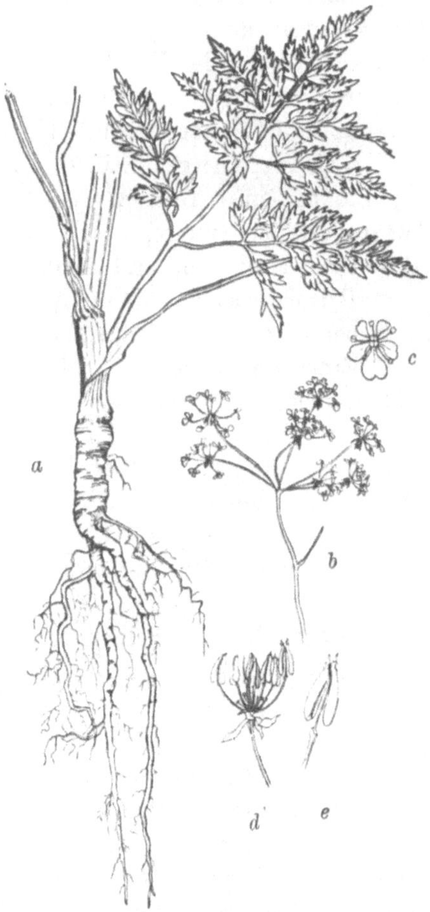

Fig. 28. *Anthriscus silvestris.* Hoffm. Waldkerbel.
a) Pfahlwurzel. *b*) Dolde. *c*) Blüte. *d*) Fruchtstand. *e*) Teilfrüchtchen.

Verbreitung: Die Pflanze besitzt eine starke Pfahlwurzel, die tief in den Boden dringt. Von dieser Pfahlwurzel gehen Nebenwurzeln aus, die ebenfalls positiv geotropisch, mit Saugwurzeln ausgestattet sind und die Nährstoffe des Bodens aussaugen. An dem Wurzelhals der Hauptwurzel entstehen, entweder unmittelbar an dieser, oder an kurzen Nebenästen Adventivsprosse, die ihrerseits zu einer Pfahlwurzel auswachsen und das Leben der Pflanze fortsetzen, wenn die Pfahlwurzel der Mutterpflanze, sobald diese Früchte getragen hat, abstirbt.

Es bilden sich durch dieses Wachstum Horste auf der Wiese. Die Verbreitung durch Samen kann nur dann eintreten, wenn das Feld als Wiese oder Weide längere Zeit in Ruhe gelassen wird. Bei einer regelmäßigen Bearbeitung des Bodens wird eine aus Samen erwachsende Pflanze sich nicht entwickeln können.

Bekämpfung: Störung des Pflanzenlebens durch Abweiden der Blätter und Blüten, Abschneiden, Abmähen, Ausstechen und Ausgraben der Wurzeln. Bei starkem Auftreten des Wiesenkerbels ist jedoch Umbruch und Neuansamung der Wiesen angezeigt.

Bornemann gibt an, daß durch starke Kaliphosphatdüngung auch bei stark verseuchten Wiesen Erfolg garantiert werden kann.

Eine starke Kaliphosphatdüngung wird im Herbste gegeben und eingeeggt. Im folgenden Frühjahr wird dann die Wiese bis Ende Mai von Schafen und Rindern beweidet, mehrmals durchgeeggt und bis zur Heuernte unberührt liegen gelassen. Nach derselben wird dann wieder bis zum Spätherbst geweidet. Wird diese Behandlung mehrere Jahre fortgesetzt, so verschwinden Waldkerbel und auch andere Doldenblütler aus stark verseuchten Wiesen.

Chaerophyllum temulum L., Betäubender Kälberkropf. — Fig. 29.

Samenunkraut. Der bis 1 m hohe Stengel ist am Grunde steifhaarig, in den oberen Teilen weichbehaart und vielfach dunkelrot gefleckt. Die Blätter sind 2—3mal gespalten, die Fiedern wieder lappig-fiederteilig. Die Hülle fehlt oder ist nur 1—2blättrig, die Hüllchen dagegen sind vielblättrig. Kronenblätter weiß. Die Früchte sind lang gestreckt, 5—7 mm lang, mit 5 weißlichen Rippen versehen. Die Fugenseiten sind gefurcht und dunkler gefärbt. Die Pfahlwurzel ist nur schwach entwickelt, ein Zeichen, daß der Kälberkropf nicht als Wurzelunkraut auftritt. ⊙ bis ⊙. Giftig. (Scharfer Extraktivstoff.)

Vorkommen: An Hecken, in Gebüschen und auf Schutt.
Bekämpfung: Ausziehen der Pflanze, was wegen der geringen

Fig. 29. *Chaerophyllum temulum L.* Betäubender Kälberkropf.
a) Wurzel. *b*) Stengelteil (gefleckt). *c*) Fugen- u. *d*) Rückenansicht der Spätfrucht.

Tiefentwicklung der Wurzel leicht ist, oder wenigstens Abschneiden der Blütenstände, um die Fruchtentwicklung zu verhindern.

Conium maculatum L., Gefleckter Schierling. — Fig. 30.

Der bis 2 m hohe, runde, röhrige Stengel ist am Grunde rot gefleckt. Die dreifach gefiederten Blätter mit fiederspaltigen Blättchen sind matt grün und strömen, wenn man sie reibt, einen dumpfen Geruch nach Mäuse- oder Katzenurin aus. Die Dolden haben eine 5 blättrige Hülle. Die Hüllchen sind 3—5 blättrig und einseitig angebracht. Die Kronenblätter sind weiß. Die Pfahlwurzel gleicht einer Möhre. Die gebräunten Früchte sind auf der Fugenseite flach, auf der gewölbten Rückenseite mit 5 teilweise wellig gebogenen und gekerbten Rippen versehen. Die Ölstriemen unter den Tälchen, welche den Doldengewächsen-Früchten sonst eigen sind und ihnen den charakteristischen Geruch verleihen, fehlen. Der gefleckte Schierling ist ziemlich häufig unter mitteleuropäischer Kleesaat. Giftig. ⊙.

Vorkommen: Schierling findet sich niemals auf Wiesen, sondern auf trockenem Gelände, an Wegen, Zäunen, auf Schutt und kahlen Stellen in Dörfern und auf Gemüseäckern.

Schaden: Die Blätter und Früchte enthalten ein für Gänse und Kaninchen tödliches Gift. Getrocknet soll Schierling von Pferden, Rindern, Schafen ohne Nachteil gefressen werden, wenngleich in der Veterinärmedizin behauptet wird, daß nach Aufnahme der Blätter des Schierlings bei den Tieren Vergiftungserscheinungen vorkommen, die sich in Abstumpfung, Schlafsucht und in Koliken äußern. Bei Menschen wird das Alkaloid aus der Schierlingspflanze, Coniin, nur in kleinsten Dosen bei Keuchhusten, Drüsenanschwellungen, vornehmlich noch bei Augenentzündungen auf skrophuloser Grundlage angewendet.

Bekämpfung: Ausziehen der Pflanze und Verhinderung der Früchteentwicklung durch Entfernen der Blütenstände.

Literatur: Wilh. Ludwig: Handbuch der Hygiene und Diätetik des Truppenpferdes. Berlin, Mittler & Sohn. 1906.

Convolvulaceae Juss., Windengewächse.

Schlingpflanzen mit pfeil- oder herzförmigen Blättern und trichter- oder glockenförmiger nicht gelappter Blumenkrone: 5 Staubblätter. Kapselfrucht mit falschen Scheidewänden.

Fig. 30. *Conium maculatum L.* Gefleckter Schierling.
a) Rücken- u. *b*) Fugenansicht der Frucht.

Convolvulus arvensis L., Ackerwinde. — Fig. 31.

Samen- und Wurzelunkraut. Der bis 1 m lang windende, kahle Stengel trägt längliche, am Grunde meist spießförmige Blätter. Die glockenförmigen Blüten sind weiß oder rosa, an der Außenseite mit 5 roten Streifen versehen. Die mehrere Meter lange ausdauernde

Wurzel durchbricht mit ihren Verzweigungen das Erdreich in weiter Ausdehnung.

Fig. 31. *Convolvulus arvensis L.* Ackerwinde. *a)* Kapselfrucht. *b)* Same.

Das Rhizom bildet Adventivknospen, welche auswachsen, wenn der eine Trieb zugrunde geht. Die Frucht ist eine zweifächerige Kapsel. Jedes Fach hat zwei Samen. Der Same ist einem Kugelsektor ähnlich, die Längsseiten sind abgerundet, das Nabelende spitz eingezogen, die Oberfläche runzelig, rauh und braun. Das Rhizom soll giftig sein. ♃.

Vorkommen: Auf allen Bodenarten, sowohl auf leichtem Sandboden, als auf Lehm und Tonboden, überall an Wegerändern und vielfach in Getreidefeldern.

Schaden: Die Ackerwinde nimmt durch ihr starkes Wurzelsystem dem Boden viel Nahrung; umschlingt mit ihren windenden Stengeln die

Kulturpflanzen, veranlaßt das Lagern des Getreides und erschwert hierdurch die Ernte.

Bekämpfung: Die Ackerwinde ist lichtbedürftig. Wird ihr der Lichtgenuß durch dicht stehende Kulturpflanzen entzogen, oder wird auf gut gedüngtem Boden Mengfutter in dichtem Bestande erzielt, das rechtzeitig gemäht, von Hackfrüchten (Rüben) abgelöst wird, so ist damit die Vernichtung erreicht. Durch Abweiden kann ebenfalls eine starke Schwächung und sogar Ausrottung erzielt werden.

Fig. 32. *Cuscuta epilinum* Weihe. Flachsseide.

Cuscuta europaea L., Europäische Seide.

Cuscuta epilinum Weihe, Flachsseide. — Fig. 32.

Cuscuta epithymum L., Quendelseide.

Der rankende Stengel trägt nur schuppenförmige chlorophyll-arme Blätter. Die Blüten sind geknäult und sitzend. Die Krone aufspringend. Die Cuscutaarten sind Parasiten, d. h. sie schmarotzen auf einer Wirtspflanze, indem sie mit Hilfe von Haustorien (Saugorgane) dieser die organische Nahrung entziehen.

Die Samen sind kugelig, ungefähr 0,80—0,90 mm im Durchmesser (also etwas kleiner als die Samen des Weißklees, 1—1,2 mm lang), graubraun mit feinen Grübchen, daher matt erscheinend. Bei *Cuscuta epilinum* sind die Samen etwas größer, und zwei Samen hängen oft aneinander und lassen sich dadurch leichter in Samenmischungen erkennen. ⊙.

Bekämpfung: 1. Nach Bornemann: Das idealste Bekämpfungsmittel wäre, die Seide zu vernichten, ohne die Wirtspflanze (Klee usw.) zu beschädigen. Bornemann berichtet, daß er dies erreicht habe durch Bedecken der befallenen Stellen mit Gerstenspreu, mit welcher er 10 cm hoch die Seidestelle eingedeckt habe. Er sagt: „Diese ausgezeichnete Wirkung der Gerstenspreu erklärt sich einfach aus dem Umstande, daß die weitergreifenden Triebe der Kleeseide durch die Grannen an der engen Umschlingung der Kleepflanzen und Einsenkung der Haustorien gehindert werden, und daß anderseits diese Bedeckung Licht und Luft nicht so weit durchläßt, daß auch der Klee darunter ersticken würde."

Es dürfte jedoch schwer sein, den Klee nicht zu schädigen, bzw. für eine Zeitlang keine Kahlstelle zu schaffen. Es wird deshalb noch empfohlen, die befallenen Stellen umzugraben und dadurch den Schmarotzer, allerdings auch den Klee, zu töten.

2. Nach Kühn: Die befallenen Stellen werden abgesichelt, das Abgesichelte entfernt und verbrannt. Dabei kann es jedoch leicht geschehen, daß kleine Stücke der Seide liegen bleiben. Solche Stücke können aber unter für sie günstigen Bedingungen (feuchtes, warmes Wetter usw.) wiederum einen neuen Befall bewirken.

3. Nach Hiltner: Die Bespritzung mit 15—18 prozentiger Eisenvitriollösung unter Druck, wodurch die Seidenfäden getroffen werden und absterben sollen. Der Klee wird zwar auch geschädigt, schlägt aber wieder aus. Man soll durch dieses Verfahren, zumal wenn viele kleine Seidennester sich auf dem Schlage befinden, des Schmarotzers leicht Herr werden.

4. Ein sicheres altes Mittel, das schon seit langen Jahren üblich ist, besteht im Bedecken der Seidennester mit Häcksel, den man mit etwas Petroleum anfeuchtet und dann ansteckt. Die Seide wird so verbrannt, allerdings auch die Kulturpflanzen. Jedoch schlagen diese wieder aus. Es entsteht keine Kahlstelle, und der Schmarotzer ist vernichtet. Es müssen natürlich hierbei die verschiedenen Maßregeln so getroffen werden, daß alle Seidennester vernichtet werden, selbst wenn es zunächst Kahlstellen gibt.

5. Es muß reines Saatgut genommen werden. Durch die neueren Reinigungsmaschinen kann ein seidefreies Saatgut geliefert werden.

6. Wenn im ersten Schnitt Anzeichen des Seidebefalls sich zeigen, so darf der zweite Schnitt nicht zur Saat Verwendung finden, da die Blüten und die Samenbildung der Seide erst beginnt, wenn der erste Schnitt erfolgt ist.

Solanaceae Juss., Nachtschattengewächse.

Die Familie der Nachtschattengewächse liefert uns außer einer Reihe von Nutzpflanzen, wie Kartoffel (*Solanum tuberosum*), Tomate (*Solanum lycopersicum*), Paprika, Tabak sowie einer Reihe von Zierpflanzen wie die Petunie, auch viele wildwachsende Unkräuter, die meistens giftig sind und in der Heilkunde verwendet werden.

Die Blüte der Nachtschattengewächse ist meistens fünfgliedrig. Der Kelch und die Krone haben je 5 Blätter. Die Staubblätter sind ebenfalls in Fünfzahl. Der Fruchtblattkreis besteht aus zwei Fruchtblättern und einem Griffel mit zwei Narben.

Die Frucht ist eine Beere oder Kapsel, mit einer oder zahlreichen Samenanlagen.

Die Solanaceen als Unkräuter treten meistens nicht in großen Beständen auf. Da sie aber alle einen für Mensch und Tier giftigen Stoff in sich führen, ist die Kenntnis ihrer äußeren Form notwendig, um Schädigungen zu vermeiden.

Physalis alkekengi L., Judenkirsche.

Der von unten an verästelte Stengel wird bis 60 cm hoch. Die langgestielten Blätter sind eiförmig, zugespitzt, und stehen meist zu zweien nebeneinander. Die Blüten stehen einzeln in den Blattachsen.

Die Frucht ist eine Beere, welche bei der Reife von dem aufgeblasenen, großen, roten Kelche umschlossen wird.

Die Samen sind flach mit hervortretendem Würzelchen, ca. 1,5—2 mm lang. Die Samenschale ist gelb, feinpunktiert. ♃.

Vorkommen: Die Judenkirsche wächst als Ruderalpflanze auf Schutt, an Zäunen, in Wäldern und in Weinbergen.

Bekämpfung: Will man die Judenkirsche nicht wegen der

schönen, roten Früchte als Zierpflanze hegen, so muß die ausdauernde Wurzel aus dem Boden entfernt werden.

Solanum nigrum L., Schwarzer Nachtschatten. — Fig. 33.

Die bis 1 m hochwachsende Pflanze hat eiförmige, in den Blattstiel verschmälerte Blätter. Die weißen Kronenblätter sind bis zur Mitte gespalten.

Fig. 33. *Solanum nigrum L.* Schwarzer Nachtschatten.
a) Fruchtstand (Beeren).

Die Frucht ist eine bei der Reife schwarze Beere. Die Samen sind flach, mit vorgezogenem schmutziggelbgrünlichem Würzelchen, ca. 1,5 mm lang. Auf der Oberfläche feinrunzelig. ⊙.

Vorkommen: Auf Schutt, an Wegrändern, öfter in Dörfern, aber auch auf Äckern.

Bekämpfung: Um zu vermeiden, daß die grünen, giftigen Teile der Pflanze und die giftigen Beeren in das Heu gelangen, muß die Pflanze ausgezogen werden, bevor an den Wegrändern usw. gemäht wird.

Solanum dulcamara L., Bittersüß. — Fig. 34.

Hat der Stengel ein Gebüsch zur Verfügung, so rankt er kletternd meterweise in diesem umher. Steht die Pflanze einzeln, so ist der

Fig. 34. *Solanum dulcamara L.* Bittersüß.
a) Unterer Stengelteil. *b*) Rankender Stengel. *c*) Blütenstand. *d*) Beeren.

Stengel viel kürzer, steht dann aber aufrecht. Die unteren Blätter sind länglich, am Grunde herzförmig, die oberen spießförmig. In den

Blüten schließen sich, wie auch bei der Kartoffel, die Staubbeutel zu einer Röhre um den Griffel zusammen. Die zuletzt zurückgeschlagenen fünf Blütenblätter sind violett gefärbt, mit zwei grünen Flecken am Grunde jedes Zipfels.

Die Frucht ist eine rote, eiförmige Beere. Die Samen sind flach scheibenförmig, gelblichweiß, ca. 2 mm lang, auf der Oberfläche runzelig. ♃.

Vorkommen: Auf feuchtem Wiesenboden, zwischen den Ufergebüschen.

Bekämpfung: Vorsicht beim Mähen der Uferpflanzen, daß die Pflanze nicht ins Heu kommt. Ihren Namen hat sie von dem Geschmack der einzelnen Teile, welche auf der Zunge zuerst bittere, dann süße Geschmacksempfindungen hervorrufen. Die Bittersüßstengel wirken bei Kalt- und Warmblütern lähmend, namentlich auf die zentralen Nervenapparate (Herabsetzung der Atmung und Herztätigkeit, allgemeine Lähmung. Tod unter Erstickungskrämpfen.)

Fig. 35. *Atropa belladonna L.* Tollkirsche.
a) Frucht (Beere).

Atropa belladonna L., Tollkirsche. — Fig. 35.

Der stark verästelte, behaarte Stengel wird bis 1 m hoch. Die zu zweien stehenden Blätter sind eiförmig zugespitzt, in den Blattstiel verlaufend. Die Blüten sind trichterförmig nickend. Die Blumenkrone ist braun-violett.

Die Frucht ist eine kugelrunde, glänzend schwarze Beere. ♃.

Vorkommen: Die Tollkirsche kommt sowohl in der Ebene wie in Bergwäldern vor, am liebsten auf Kalkboden. Alle Teile der Pflanze sind sehr giftig (Wurzel, Blätter und Beeren). Die Tollkirsche wird auch in Gärten kultiviert. Von Unkundigen (Kindern) werden die schwarzen Beeren als Kirschen genascht. Menschen reagieren auf die Alkaloide der Tollkirsche (Atropin und Belladonnin) am heftigsten; schon 0,1 g können tödlich wirken. Im Gegensatz hierzu zeigen sich Pflanzenfresser ungemein widerstandskräftig (Kaninchen, Meerschweinchen, Esel, Pferde sowie auch Tauben). Manche dieser Tiere fressen oft wochenlang mit *Belladonna* durchsetztes Futter, ohne lebensgefährlich zu erkranken. Menschen können aber wiederum durch das Fleisch solcher mit *Belladonna* gefütterten Tiere schwer vergiftet werden.

Lycium halimifolium Miller, Meldenblättriger Teufelszwirn, Bocksdorn. — Fig. 36.

Der mehrere Meter lange Stengel trägt dornige Zweige, deren Äste an Zäunen oft überhängen. Die graugrünen, ganzrandigen Blätter sind schmal lanzettlich in den Blattstiel verschmälert. Die Blüten mit violettroter Krone stehen einzeln oder zu mehreren in einer Trugdolde.

Die Frucht ist eine bei der Reife rot gefärbte, längliche Beere. ♃.

Vorkommen: Die aus China stammende Pflanze ist bei uns eingebürgert. Man findet sie an Zäunen in Dörfern vielfach in üppiger Entwicklung. Da sie stark giftig ist, muß darauf geachtet werden, daß das Vieh nicht an sie herankommt. Anderseits gewährt sie als Einrahmung an den Zäunen einen ästhetischen Genuß.

Hyoscyamus niger L., Schwarzes Bilsenkraut. — Fig. 37.

Der starke, klebrig-behaarte Stengel wird ca. 60 cm hoch. Die Blätter, ebenfalls klebrig, zottig, sind grobgezähnt, länglich zugespitzt; die unteren sind gestielt, die oberen stengelumfassend. Die Blüten sind kurzgestielt. Die Krone ist schmutziggelb mit violetten Adern, am Grunde dunkelviolett.

Fig. 36. *Lycium halimifolium Miller.* Meldenblättriger Bocksdorn.
a) Trugdolde. *b*) Blüte.

Die Frucht ist eine mit einem Deckel aufspringende Kapsel. Der Samen ist flach, scheibenförmig, manchmal nierenförmig, mit kurzem Spitzchen, ca. 1—1,5 mm groß, graubraun, mit netzig-grubiger Oberfläche. ⊙ und ⊙.

Vorkommen: Bilsenkraut kommt als Ruderalpflanze an den Wegstraßen, auf Schutthaufen, an Weg- und Wiesenrändern vor.

Die Pflanze ist sehr giftig. Früher wurde dem Bilsenkraut ein großer Einfluß auf Neuralgien, namentlich auf Trigeminusneuralgie zugeschrieben.

Fig. 37. *Hyoscyamus niger L.* Bilsenkraut. *a*) Blüte. *b*) Same.

Datura stramonium L., Stechapfel. — Fig. 38.

Der gabelästige Stengel wird bis 1 m hoch. Die kahlen Blätter sind gestielt, eiförmig, buchtig gezähnt. Die Blüten stehen einzeln am Ende des Sprosses oder in einer Astgabel. Die weiße Blumenkrone ist trichterförmig.

Die Frucht ist eine, mit in Reihen stehenden starken Stacheln besetzte Kapsel, welche durch falsche Scheidewände vierfächerig wird. ⊙.

Die Samen sind 2,5 mm lang, 3 mm breit, flach, nierenförmig, dunkel gefärbt, runzelig. Der weiße Nabel hebt sich scharf von der dunklen Samenschale ab.

Vorkommen: Vereinzelt auf Schutthaufen und als Ruderalpflanze auf Wegen, die wenig begangen werden. Stechapfel ist in allen Teilen giftig. Die Blätter wurden früher bei Asthma, zum Rauchen, verordnet.

Fig. 38. *Datura stramonium L.* Stechapfel.
a) Frucht. *b*) Same.

Da der Stechapfel einjährig ist und meistens einzeln wächst, kann die Pflanze durch Ausziehen vor der Samenreife leicht bekämpft werden.

Scrofulariaceae R. Br., Braunwurzgewächse.

Die Braunwurzgewächse sind charakterisiert durch die Blütenverhältnisse. Die Blütenformel lautet: K 5 (Kelch) C 5 (Krone) A 2 — 5 (Staubbehälter) G 2 (Fruchtblätter).

Die Krone besteht aus einer zweilappigen Oberlippe und einer dreilappigen Unterlippe, so angeordnet, daß nur eine Ebene durch die Blüte gelegt werden kann, um sie in zwei gleiche Hälften zu zerlegen (zygomorph).

Es sind selten fünf Staubblätter, meistens nur vier vorhanden. Bei *Veronica* werden nur zwei Staubblätter angetroffen. Wo vier Staubblätter vorhanden sind, sind zwei kurz, zwei lang (didynamisch).

Die Frucht ist eine Kapsel mit zahlreichen Samen.

Unter den *Scrofulariaceae* finden sich Unkräuter, die zum Teil als Schmarotzer (Parasiten) auftreten und dadurch doppelt schädlich wirken. Man unterscheidet Halbschmarotzer und Ganzschmarotzer.

Ein Halbschmarotzer hat infolge seiner chlorophyllhaltigen Blätter die Fähigkeit, zu assimilieren, jedoch ist er nicht imstande, infolge der Verkümmerung der Wurzel, besonders der Wurzelhaare, die Salze des Bodens aufzusaugen. Er ist deswegen gezwungen, aus anderen, neben ihm stehenden Pflanzen, sich diese Nahrung zu verschaffen. Ein Halbschmarotzer senkt Saugorgane (Haustorien) in die Wurzeln seiner Nachbarn, Gräser, Klee und anderer auf der Wiese vorkommenden Pflanzen, und entnimmt diesen die Nahrung, die er braucht. Von solchen Schmarotzern befallene Pflanzen werden schwer geschädigt und im Wachstum beeinträchtigt.

Die Folge ist, daß in dem Bereich des Schmarotzers Kahlstellen entstehen. Auch die Kahlstellen begünstigen das Wachstum des Parasiten und befriedigen sein starkes Lichtbedürfnis.

Die Ganzschmarotzer, auch echte Schmarotzer genannt, sind Pflanzen, welche kein Chlorophyll besitzen, deshalb auch nicht ergrünen und nicht assimilieren können, und so ausschließlich auf die Nahrungsaufnahme aus anderen Pflanzen angewiesen sind, im Gegensatz zu den Halbschmarotzern, welche Blattgrün besitzen, assimilieren und ihre Nahrung nur zum Teil aus anderen Pflanzen ziehen.

Die Samen der Schmarotzer keimen, wie alle anderen Samen. Die Keime machen, wenn sie über die Erde getreten sind, kreisförmige Bewegungen, und falls sie hierbei auf eine ihnen zusagende Pflanze stoßen, umwinden sie dieselbe, wie z. B. *Cuscuta*, oder aber ihre Wurzel sucht die Wurzel der späteren Wirtspflanze auf.

Bei *Cuscuta* stirbt die Wurzel der Wirtspflanze ab, *Orobanche* dagegen bildet mit der Wurzel der Wirtspflanze ein gemeinschaftliches Ganzes.

In beiden Fällen werden Saugorgane (Haustorien) in die Wirtspflanze gesenkt. Die eigentliche Nahrungsaufnahme aus dem Boden und der Luft von seiten der Schmarotzerpflanze hört auf. Sie lebt als bleicher, manchmal auch gelber oder rosa gefärbter Parasit.

Fig. 39. *Gratiola officinalis L.* Gottesgnadenkraut.

Gratiola officinalis L., Gottes-Gnadenkraut. — Fig. 39.

Die kleine, bis 30 cm hohe Pflanze hat gegenständige eilanzettliche, glatte Blätter und blaßblaue, mit gelben, keulenförmigen Haaren ausgestattete Blüten. Die Frucht ist eine eiförmig zugespitzte

Kapsel mit zahlreichen Samen. Die Samen sind nach Wittmack staubfein, eiförmig, 0,2—0,3 mm lang, netzmaschig, braun.

Gottes-Gnadenkraut ist giftig, wird vom Vieh wegen des bitteren Geschmackes gemieden, verursacht Übelkeit, Erbrechen und Durchfall (daher auch Purgierkraut genannt). ♃.

Vorkommen: Auf feuchten Wiesen und an niedrigen, wasserreichen Stellen der Äcker, gern im Lehmboden.

Bekämpfung: Wo angängig: Jäten.

Linaria vulgaris Miller, Frauenflachs, Kleines Löwenmaul. — Fig. 40.

Samen- und Wurzelunkraut. Höhe bis 60 cm. Spindel und Blattstielchen weichhaarig. Blätter lanzettlich-linealisch. Die Krone ist gelb gespornt. ♃. Die Pfahlwurzel geht bis 1 m tief, mit zahlreichen Nebenwurzeln und an diesen wieder Adventivknospen. Linaria ist infolgedessen wandernd. Die Frucht ist eine Kapsel. Der flache, tiefbraun bis schwarz gefärbte, mit kleinen Warzen besetzte Same ist breit geflügelt, so daß er vom Winde weit fortgetragen werden kann.

Bekämpfung: Die tiefgehende Wurzel setzt der Bekämpfung Schwierigkeiten entgegen. Hacken entfernt wohl die oberirdischen Teile, allein die Adventivsprossen erzeugen wieder neue Triebe. Auch kann der beim Pflügen abgerissene Teil einer Wurzel neu ausschlagen.

Fig. 40. *Linaria vulgaris Mill.* Frauenflachs, Leinkraut.
a) Blüte. *b*) Kapsel. *c*) Geflügelter Same.

Beschattung durch gut entwickelte Kulturgewächse beeinträchtigt das Wachstum. Durch Schälen des Ackers nach der Aberntung kann der Kampf fortgesetzt werden, so daß allmählich die Ausrottung gelingt.

Literatur: Kraus: Das gemeine Leinkraut. Arbeiten der D. L. G. Heft 106. 1909.

Veronica, Ehrenpreis.

Die als Ackerunkräuter auftretenden *Veronica*-Arten sind Samenunkräuter und mit Ausnahme von *Veronica serpyllifolia* L., Quendelblättriger Ehrenpreis, einjährig; einige Herbstkeimer auch zweijährig. Die Pflanzen erreichen, auf dem Boden kriechend, eine Länge von 40—50 cm. Die Wurzel besteht fast nur aus Faserwurzeln. In Betracht kommen:

Veronica agrestis L., Acker-Ehrenpreis, ① und ⊙, und
„ arvenis L., Feld-Ehrenpreis, ① und ⊙,
„ hederifolia L., Efeu-Ehrenpreis, ① und ⊙,
„ opaca Fries, Glanzloser Ehrenpreis, ① u. ⊙,
„ peregrina L., Fremder Ehrenpreis, ①,
„ polita Fries, Glänzender Ehrenpreis, ① u. ⊙.
„ praecox Allioni, Früher Ehrenpreis, ① u. ⊙,
„ spicata L., Ähriger Ehrenpreis L. ♃. Fig. 40a.
„ tournefortii Gmelin, Tourn.-Ehrenpreis, ① und ⊙.
„ triphyllos L., Dreiteiliger Ehrenpreis, ① u. ⊙,
„ verna L., Frühlings-Ehrenpreis, ① und ⊙.

Blüte zygomorph. Blütenblätter meist blau. Frucht eine Kapsel aus zwei Fruchtblättern. Die Samen sind verschieden gestaltet. Die Samen können 5—6 Jahre im Boden liegen, ohne ihre Keimkraft zu verlieren. Die Samen keimen teils im Herbst, teils im Frühjahr, teils während des ganzen Jahres.

Bekämpfung: Die im Herbst keimenden *Veronica*pflanzen entwickeln sich in der Wintersaat üppig. Deshalb ist, wo *Veronica*-Unkraut stark auftritt, der Anbau von Wintergetreide zu vermeiden und Sommersaat bzw. Hackfrucht zu bauen. Durch die Frühjahrsbestellung werden die jungen *Veronica*pflanzen zerstört und durch das Hacken vernichtet.

Euphrasia montana Jordan, Berg-Augentrost.

(Von den meisten Autoren: *Euphrasia officinalis* Hayne genannt.) Ein „Halbschmarotzer", der auf feuchten Wiesen vorkommt.

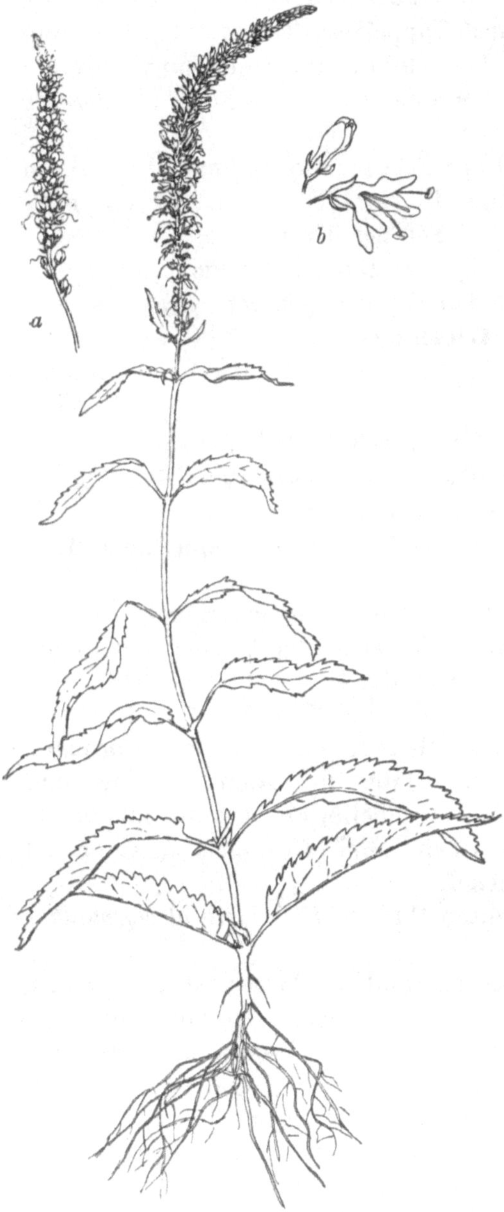

Fig. 40a. *Veronica spicata L.* Ähriger Ehrenpreis, *a*) Ährige Traube. *b*) Blüte mit 2 Staubblättern.

Fig. 41. *Fistularia crista galli Wettstein.* Kleine Klapper.

Euphrasia zeichnet sich, wie von Wettstein nachgewiesen hat, durch Saison-Dimorphismus (Doppelgestaltung in verschiedenen Jahreszeiten) aus. Sie entwickelt im Frühjahr eine unverzweigte und im Herbst nach dem Abmähen eine verzweigte Form (*Euphrasia rostkoviana* Hayne).

Der weichhaarige Stengel der Frühjahrsform, ungefähr 0,25 cm hoch, trägt grobgesägte, eiförmige Blätter. Die Krone ist weiß oder bläulich mit einem gelben Fleck auf der Unterlippe.

Die Frucht ist eine Kapsel. Der Same ist länglich, klein mit geraden oder spiralig verlaufenden Rippen, gelblich. Das Unkraut schmarotzt auf verschiedenen Wiesenpflanzen.

Bekämpfung: Wie bei *Fistularia* (*Alectorolophus*) (siehe unten).

Fistularia (Rhinanthus, Alectorolophus).

Fistularia crista galli Wettstein, Kleine Klapper, Fig. 41,

Fistularia major Wettstein, Große Klapper,

Fistularia alectorolophus Wettstein, Hahnenkamm (oder *Alectorolophus hirsutus Allioni*).

Alle drei unterscheiden sich botanisch nur geringfügig.

Der bis 30 cm hohe Stengel ist entweder behaart oder kahl. Die Blätter sind länglich lanzettlich, die Blüten gelb gefärbt. Der Kelch ist aufgeblasen. Die Frucht ist eine Kapsel.

Die Samen liegen zur Zeit der Reife lose in der scheibenförmigen Kapsel und rascheln klappernd. Daher der Name Klapper und Klappertopf. Sie sind flach und muschelförmig, braun, mit einem breiten, gelblichen Flügel versehen. Bei *Fistularia hirsutua* ist der Flügel nur schwach entwickelt.

Vorkommen: Auf feuchten Wiesen, *Fistularia alectorolophus* unter der Saat. ⊙.

Bekämpfung: Der Grasbestand der Wiese ist zu fördern, um das Unkraut zu beschatten. *Alectorolophus* ist ein einjähriger Halbschmarotzer. Die Samen keimen im Frühjahr. Deswegen müssen schnell und üppig wachsende Gräser, die einen dichten Horst bilden, gegebenenfalls neu angesät werden.

Wo es angeht, kann durch Melioration der Wiesen dem Unkraut der Boden entzogen werden. Hat sich der Klappertopf stark verbreitet, so kann das seit alter Zeit bekannte und angewandte Verfahren, die Wiesen durch Schafe, allerdings mehrere Jahre hindurch, abweiden zu lassen, die Vernichtung des Unkrautes herbeiführen.

Pedicularis palustris L., Sumpf-Läusekraut.

Das auf feuchten Wiesen und Moorboden als Halbschmarotzer vorkommende Sumpf-Läusekraut hat einen steil aufstrebenden, bis 40 cm hohen, grünlichbraunen, bis zur Mitte ästigen Stengel mit fiederteiligen Blättern. Die Blumenkrone ist rosenrot.

Die Frucht ist eine Kapsel mit zahlreichen Samen. Die Samen sind kaffeebohnenartig, an einer Längsseite abgeflacht mit einer tiefen Rinne, infolge sich kreuzender Längs- und Queradern runzelig matt. ⊙.

Bekämpfung: Häufigeres Abmähen und Entwässerung der Wiesen.

Melampyrum arvense L., Feld-Wachtelweizen, Kuhweizen. — Fig. 42.

Samenunkraut. Der Feld-Wachtelweizen ist ebenfalls ein Halbschmarotzer der auf trockenem sandigen Boden im Roggen und Weizen sich ansiedelt. Die bis 30 cm hohe Pflanze hat ziemlich große, zugespitzte Blätter, einen rauhhaarigen Kelch und eine rote oder gelbe Blumenkrone. Die ganze Pflanze wird beim Trocknen schwarz.

Die Frucht ist eine fachspaltige, zweifächerige Kapsel, mit je zwei Samen. Die Samen sind groß, in der Jugend gelb, im Alter schwarz, einem Weizenkorne ähnlich, mit einem dem einen Ende anhaftenden Anhängsel.

Der Feld-Wachtelweizen wird vom Vieh gerne gefressen und gerne von den Bienen aufgesucht. Die Samen färben, wenn sie zahlreich im Getreide vorhanden sind, das Brot blau, ja schwarz und machen es bitterlich im Geschmack, ohne aber gesundheitsschädlich zu wirken. ⊙.

Melampyrum pratense L., Wiesen-Wachtelweizen.

In Erscheinung, Frucht und Samen gleicht er dem Feld-Wachtelweizen. Kommt bei uns mehr im Walde vor. ⊙.

Bekämpfung: Reines Saatgut; Hacken.

Orobanchaceae Richard, Sommerwurzgewächse.

Die *Orobanche*-Arten sind chlorophyllfreie Parasiten, welche an ihren Wurzeln keine Wurzelhaare besitzen, also auch, wie *Alectoro-*

lophus, nicht imstande sind, aus dem Boden Wasser und Salze aufzunehmen. Diese Schmarotzer sind auf die Nahrung angewiesen, welche

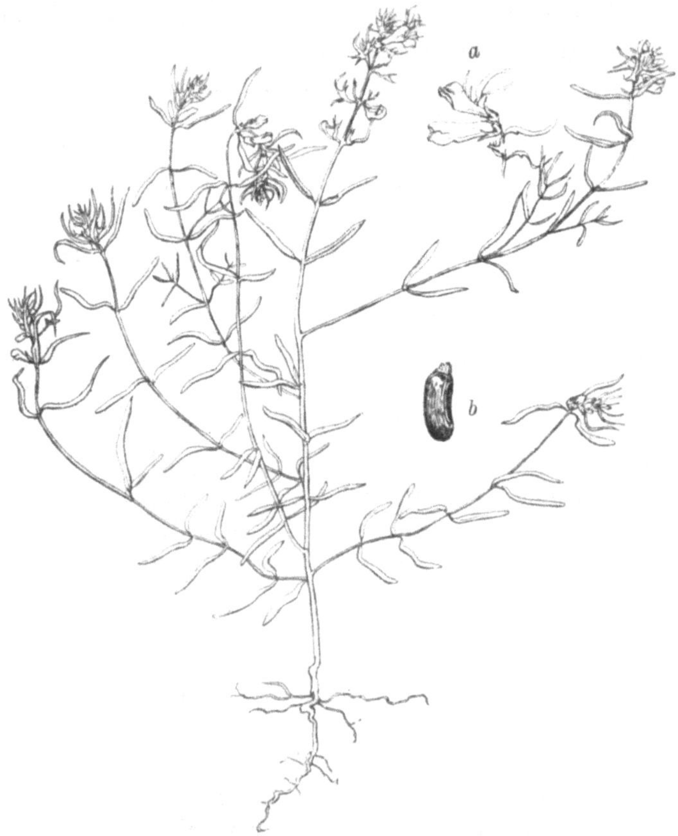

Fig. 42. *Melampyrum arvense L.* Feld-Wachtelweizen.
a) Blüte. *b*) Same mit Anhängsel.

die Wirtspflanze ihnen bietet. Sie senden ihre Haustorien (Saugorgane) in die Wurzeln der Wirtspflanzen hinein und saugen diese aus.

Die für deutsche Verhältnisse besonders gefährlichen Arten sind:

Orobanche ramosa L., Ästige Sommerwurz, auf Hanf, Tabak, Nachtschatten und Meerrettich, Fig. 43;

Orobanche minor Sutton, Kleine Sommerwurz, auf Klee schmarotzend;

Orobanche rubens Wallroth, gelbe Sommerwurz, auf Luzerne.

Die Keimung der *Orobanche*-Samen tritt nur dann ein, wenn eine Pflanze in der Nähe im Boden vorhanden ist, an welche sie speziell angepaßt ist. Es muß also von einer solchen Pflanze ein Reiz ausgehen, welcher erst auf den *Orobanche*-Samen einwirkt, um ihn keimen zu lassen.

Der bis 30 cm hohe, verästelte Stengel von *Orobanche ramosa L.*, trägt spiralig angeordnete Schuppenblätter, in deren Achse die anfangs bläulichen, später gelblichen Blüten sitzen.

Die Frucht ist eine einfächerige Kapsel mit zahlreichen, sehr kleinen Samen. Die Samen sind nach Wittmack 0,4 mm lang, 0,25 mm breit, fein netzmaschig.

Bei *Orobanche minor Sutton* sind die Blüten gelblichweiß. Die Frucht ist eine Kapsel mit sehr vielen kleinen, schwarzbraunen Samen, die nur 0,25—0,3 mm lang und 0,15 mm breit sind.

Fig. 43. *Orobanche ramosa L.* auf Hanf.

Vorkommen: *Orobanche* kommt in Norddeutschland beinahe gar nicht, dagegen in Süd- und Westdeutschland, besonders häufig am Rhein, vor.

Plantaginaceae Juss., Wegerichgewächse.

Kräuter mit grundständiger Blattrosette und dichtgedrängten, langgestielten Blütenähren. Die Blüten sind nach der Vierzahl gebaut, K_4, C_4, A_4, G_2. Nur der Fruchtblattkreis besteht aus 2 Fruchtblättern, die verwachsen und oberständig sind. Blüte mit trockenhäutiger Krone und langem, behaarten Griffel. Frucht ein Nüßchen oder eine queraufspringende Kapsel.

Plantago lanceolata L., Spitz-Wegerich. — Fig. 44.

Der bis 50 cm hoch getriebene, kantige und gefurchte Blütenschaft ist kahl oder kurz behaart. Die Blüten sind zwitterig mit gelbweißen Staubfäden. Die kahlen oder seidenhaarigen Blätter sind lanzettlich aufrecht stehend, mit 3—6 starken Nerven. Die Wurzel ist eine reich verzweigte Faserwurzel, die tief in den Boden eindringt.

Die Samen sind 3—3,5 mm lang, glänzend braun, auf dem Rücken stark gewölbt, die Ränder nach der Bauchseite wulstig eingeschlagen. Auf der Rückseite des Samens befindet sich ein weißlicher Strich, der durchschimmernde Embryo. Auf der rinnigen Bauchseite findet sich ein schwarzer Fleck, der Nabel. (Die Samen werden wegen ihres Schleimgehaltes rein und in Bonbons gegen Husten usw. verwendet.)

Die Frucht ist eine zweifächerige Kapsel, welche im unteren Teil aufspringend, die Samen entläßt.

Fig. 44. *Plantago lanceolata L.* Spitz-Wegerich. *a*) Bauch-, *b*) Rückenansicht der Frucht.

In früherer Zeit wurde *Plantago* unter den Klee ausgesät, weil Wegerich bei der Verdauung des frischen Kleefutters günstig einwirkte. Die Samen lassen sich aber schwer aus der Kleesaat entfernen.

Ähnlich im Bau sind:

Plantago major L., Großer Wegerich mit breiten Blättern, und **Plantago media L., Mittlerer Wegerich,** welche beide an Wiesen, Triften, Wegrändern sich finden. Alle drei sind ausdauernde Pflanzen.

Bekämpfung: Vor allem reine Saat, zumal wenn Klee zur Saatgewinnung gebaut wird.

Rubiaceae DC., Rötengewächse.

Aus der Familie der *Rubiaceae*, Rötengewächse, stammen einige Unkräuter, die zu den *Galium*-Arten gehören. Die *Galium*-Arten sind charakterisiert durch die vierzähligen Blüten und die zweifächerigen Fruchtknoten. Die Blätter sind gegenständig. Häufig jedoch sind die Nebenblätter so stark entwickelt, daß sie den eigentlichen Blättern gleichen. Es kommt so eine quirlartige Anordnung der Blätter zustande.

Galium aparine L., Kleber. — Fig. 45.

Der bis 1,75 m lange, kletternde Stengel ist mit rückwärts gerichteten, steifen Haaren besetzt. Die einnervigen, lineal-lanzettlichen Blätter, welche zu 6—8 in Quirlen stehen, sind stachelspitzig und am Kiel und an den Rändern ebenfalls rückwärts rauhhaarig.

Die im Winkel der eigentlichen Blätter stehenden kleinen Blüten sind weiß oder grünlich gefärbt. Die Wurzel ist im Boden weit verzweigt.

Die Frucht ist beinahe kugelig, ca. 3 mm im Durchmesser, mit einem flachen Grübchen in der Nabelgegend. Sie ist auf der ganzen Oberfläche warzig. Auf den Warzen steht je eine, an der Spitze hakenförmige Borste. Diese letztere wird durch die Dreschmaschine und und die Reinigungsmaschinen leicht abgebrochen, so daß die Frucht dann nur warzig erscheint.

Durch die rauhen Stengel und die hakig-borstigen Früchte, welche am Fell der Tiere und an den Kleidern der Menschen hängen bleiben, wird die Kleberpflanze leicht verbreitet. Die Früchte sind aus dem Saatgut schwer zu entfernen. ⊙.

Vorkommen und Schaden: In Gebüschen kletternd und in Getreidefeldern. Hier windet sich *Galium aparine* um das Getreide herum, zieht dasselbe herunter und befördert das Lagern.

Durch die starke Wurzelentwicklung entzieht *Galium* dem Boden viel Nahrung und Wasser.

Bekämpfung: Durch Bodenbearbeitung muß das Auflaufen der Früchte begünstigt werden, um durch Schälen die aufgelaufenen Pflanzen zu vernichten. Durch Tiefpflügen wird nicht viel erreicht, da die Früchte doch nicht so tief in den Boden gelangen, daß die Keimung unbedingt verhindert wird. Zudem können die Früchte lange im Boden liegen, ohne abzusterben.

Die Anwendung der empfohlenen chemischen Mittel (Eisensulfat, Chilesalpeter, schwefelsaures Ammoniak, Chlorkalium) haben keinen Erfolg erzielt. Reines Saatgut ist notwendig.

Ist eine starke Verseuchung des Bodens vorhanden, so muß Hackfrucht gebaut werden.

Fig. 45. *Galium aparine L.* Kleber. *a*) Frucht mit hakenförmigen Borsten. *b*) Bauchansicht der Frucht mit Grübchen.

Galium spurium L., eine Abart von Galium aparine, ist in allen Teilen kleiner als die Hauptart. Der Stengel ist zum Teil kahl.

Die Früchte sind ohne Hakenborsten, feinkörniger. ⊙.

Die Art kommt gern unter Lein vor.

Galium verum L., Echtes Labkraut.

Der rundliche, mit 4 hervorragenden Leisten ausgestattete, aufrechte Stengel besitzt keine rückwärts gerichteten Stacheln. Die linealischen einnervigen Blätter stehen in Quirlen zu 6—12. Die zitronengelben Blüten stehen in Trugdolden, in end- und seitenständigen Rispen.

Die Früchte sind länglich-rundlich, dunkelbraun, feinkörnig, rauh, ca. 1,5, mm lang. ♃.

Vorkommen. Auf feuchten Wiesen, die manchmal zur Zeit der Blüte ganz gelb aussehen.

Galium mollugo L., Gemeines Labkraut. — Fig. 46.

Der Stengel ist aufrecht, vierkantig. Die stachelspitzigen Blätter sind im Quirl achtblättrig. Die Blüten stehen in Trauben. Die Krone ist weiß oder gelblichweiß.

Fig. 46. *Galium mollugo L.* Gemeines Labkraut.
a) Blüte mit haarspitzigen Kronenblättern. *b*) Blütentraube. *c*) Frucht.

Die Frucht ist ca. 1,5 mm lang, dunkelbraun, etwas runzelig. ♃.

Vorkommen: Auf Wiesen und Wegrändern.

Die *Galium*-Arten führen den Namen „Labkraut", weil sie einen Stoff enthalten, der die Milch zum Gerinnen bringt. Sie sind als gute Futterkräuter anzusprechen.

Compositae Adanson, Korbblütler.

Compositae: Zahlreiche kleine Blüten zu einem Köpfchen vereinigt, die von einem gemeinsamen Hüllkelch (Hochblätter) umschlossen sind. Blütenkrone entweder strahlig (Röhrenblüten) oder zungenförmig (Zungenblüten). In einem Köpfchen finden sich entweder nur Röhrenblüten (*Cirsium*) oder nur Zungenblüten (*Taraxacum*, *Cichorium*) oder beide Blütenformen (*Anthemis*, *Achillea*). Sind beide Blütenformen vorhanden, dann sind die Randblüten meist Zungenblüten und heißen dann Strahlenblüten: die inneren Blüten bezeichnet man als Scheibenblüten. Die Antheren der 5 Staubblätter sind zu einer Röhre vereinigt, welche vom unentwickelten Griffel unten geschlossen wird. Der in diese Röhre entleerte Pollen wird durch den behaarten, oben gegabelten Griffel hinausgedrängt.

Die einfächerige, einsamige Frucht ist eine Achäne, die von einem Haarkranz (*Pappus*) gekrönt ist. Dieser dient ihrer Verbreitung durch den Wind.

Erigeron canadensis L., Kanadisches Berufkraut, Flohkraut. — Fig. 47.

Der rauhhaarige, stark verästelte Stengel wird ca. 1 m hoch. Die ebenfalls rauhhaarigen Blätter sind lineallanzettlich. Die zahlreichen, kleinen Blütenköpfe sind rispig bzw. traubig angeordnet. Die Strahlenblüten sind schmutzigweiß und treten nur wenig aus der Hülle heraus.

Die Frucht ist sehr klein, ca. 1 mm lang, stäbchenförmig, etwas zusammengedrückt, hellgelb, durchscheinend, auf den scharfen Längsrändern mit einzelnen Härchen besetzt. Der Pappus (Haarkrone) ist gelblichweiß und länger als die Frucht.

Vorkommen: Aus Amerika schon im 17. Jahrhundert eingewandert, hat *Erigeron* sich in Europa verbreitet, ist in Deutschland heimisch geworden und auf dürrem, sandigem Boden überall zu finden.

Die Früchte kommen in feinkörnigen Grassaaten, sowohl einheimscher wie amerikanischer Herkunft, vor. ⊙ und ①.

Bekämpfung: Reines Saatgut bei Anlage neuer Kulturen.

Erigeron acer L., Scharfes Berufkraut.

Das scharfe Berufkraut ist in seinem Aufbau dem kanadischen Berufskraut ähnlich, nur stehen die Blütenköpfe nicht in einer Rispe, sondern in einer Traube. Die Blütenköpfe sind auch nicht so zahlreich und etwas größer. Die Früchte sind ebenfalls größer. Der Pappus ist dunkler. *Erigeron acer L.* ist bei uns einheimisch und kommt ebenfalls auf dürren, sandigen Plätzen vor. ⊙ und ♃.

Bekämpfung: Reines Saatgut bei Anlage einer neuen Kultur.

Fig. 47. *Erigeron canadensis L.* Berufkraut.

Galinsoga parviflora Cav., Kleinblütiges Knopfkraut, Franzosenkraut. — Fig. 48.

Der kahle Stengel des aus Südamerika (Peru) stammenden Samenunkrautes wird 50—75 cm hoch. Er gabelt sich in verschiedener Höhe in jedesmal drei Äste.

Die gegenständigen Blätter sind kahl, kurzgestielt, am Ende gesägt. Die Strahlenblüten der kleinen Blütenkörbchen sind weiß.

Die Früchte sind vierkantig, etwas kommaförmig gebogen, 1,5 mm lang, nach unten verschmälert, schwarz.

Die aus den Strahlenblüten stammenden Früchte tragen einen kurzen, haarförmigen Pappus. Die zahlreichen Früchte der Scheibenblüten haben einen blattartigen Pappus, dessen einzelne Blätter an der Spitze eingerissen sind. ☉

Fig. 48. *Galinsoga parviflora Cav.* Kleines Knopfkraut. *a*) Blütenstand.

Vorkommen: Aus Peru eingeführt, kommt jetzt *Galinsoga* in Gärten, Äckern, in Kartoffel- und Luzerneschlägen vor. Durch die ungemein hohe Zahl der kleinen Früchte, welche von jedem Windhauch fortgeweht werden, ist die Ausbreitung der Art sehr begünstigt.

Bekämpfung: Ist *Galinsoga* in irgendeinem Bezirk verbreitet, so ist nur ein gemeinsames Vorgehen aller ansässigen Landwirte und Gärtner imstande, des Unkrautes Herr zu werden.

Die Methode des Jätens ist auch heute noch das wirksamste Mittel. Wo es schwer oder gar nicht durchzuführen ist, kann der Anbau von mehrmals zu mähenden Futterpflanzen die allmähliche Schwächung und Vernichtung des Unkrauts ebenfalls herbeiführen.

Anthemis arvensis L., Acker-Hundskamille. — Fig. 49.

Der bis 50 cm hohe, mit weißlichen Härchen besetzte Stengel ist unverzweigt und endet mit einem Blütenkopfe. Die Blätter sind doppelt fiederteilig und flaumig. Die Blütenköpfe sind vielblütig. Die weiblichen Strahlenblüten sind weiß. Die kegelförmige Blütenstandachse ist markig. Auf dem Blütenboden befinden sich Spreublätter.

Die Früchte der Scheibenblüten sind stumpf einkantig, ca. 2 mm lang, mit einem kurzen Griffelrest auf der stumpfen oberen Fläche.

Fig. 49. *Anthemis arvensis.*
a) Blüte. *b*) Blütenstandachse (markig). *c*) Frucht einer Scheibenblüte.

Die Früchte der Strahlenblüten sind kleiner, mit wulstigem Rande. Die Früchte der Scheibenblüten haben zackige Ränder. Die Acker-Hundskamille ist ein Samenunkraut. ⊙ und ①.

Vorkommen: Auf sämtlichen Bodenarten, auch auf Mergel- und Kalkboden, wo die anderen *Anthemis*-Arten nicht vorkommen und nicht gedeihen. Wo Ackerhundskamille in Massen auftritt, nimmt sie den Kulturpflanzen den Nährboden weg und ist dabei im Heu wertlos. Zerreibt man die Blütenköpfe, so entwickelt sich ein schwacher, unangenehmer Geruch.

Bekämpfung: Als Frühjahrskeimer muß die Ackerhundskamille schon bei Bestellung des Feldes durch die Frühjahrsarbeit bekämpft werden. Im übrigen: reines Saatgut.

Anthemis cotula L., Stinkende Hundskamille.

Von der Acker-Hundskamille unterscheidet sich die stinkende Hundskamille, welche im sandigen Lehm, im lehmigen Sand und im reinen Lehm, aber nicht im reinen Sand vorkommt, durch den starken, widerlich stinkenden, urinartigen Geruch, am stärksten beim Zerreiben der Blüte. Die Früchte sind 2,5 mm lang, ihre Rippen kantig verdickt.

Bekämpfung: wie bei der Acker-Hundskamille.

Achillea millefolium L., Schafgarbe. — Fig. 50.

Wurzel- und Samenunkraut. Schafgarbe wird oft über 50 cm hoch. Die Stengel sind zottig, behaart und gefurcht. Die zwei- bis dreifach fiederteiligen Blätter sind stachelspitzig gezähnt und wollig behaart. Der Blütenstand ist ebensträußig. Die Wurzel bildet Ausläufer, welche das von ihnen besetzte Terrain durch zahlreiche Faserwurzeln für sich in Anspruch nehmen und andere Pflanzen schlecht aufkommen lassen.

Die Strahlenblüten sind weiblich, deren Blüten blätterzungenförmig, weiß oder rötlich gefärbt. Die 5—10 Scheibenblüten sind zwittrig. Die Frucht ist klein, 1,5—2 mm lang, keilförmig, silbergrau. ♃.

Vorkommen: auf trocknem Boden, Wiesen, Triften, Weiden.

Ihre Verbreitung findet die Schafgarbe durch Samen und Wurzelausläufer. Durch letztere ist sie imstande, umfangreiche Reinbestände zu erzeugen, wenn sie nicht gestört wird.

Vom Vieh wird die Schafgarbe, solange sie jung ist, gern gefressen, besonders von Schafen, später jedoch, wenn die Stengel hart geworden sind, verschmäht.

Als Heilmittel ist die Schafgarbe seit alten Zeiten bekannt bei Verdauungsschwäche und Windsucht. Sie wird zu Frühjahrskuren und als Bierwürze (Gehalt von Achillëin) verwandt.

Bekämpfung: Chemische Mittel zur Zerstörung der unterirdischen, widerstandsfähigen Ausläufer sind nicht bekannt, und wenn dem Kaliumbichromat, 200 g auf 1 qm, Erfolg nachgesagt wird, so stellt sich diese Bekämpfung zu teuer

Wo die Schafgarbe auf Wiesen und Ackerflächen überhand nimmt, muß sie in ihrer Entwicklung gestört werden, und zwar durch Planierung des Ackerbodens, Abweiden durch Schafe, Abmähen vor der Fruchtentwicklung, durch Hackkultur und durch Vernichtung der herausgeförderten Wurzelausläufer.

Fig. 50. *Achillea millefolium L.* Schafgarbe.
a) Pflanze mit Ausläufern.
b) Frucht.

Achillea ptarmica L., Bertram-Garbe, Sumpfgarbe.

Der Stengel wird bis 60 cm hoch, ist kahl und kantig. Die Blätter sind linealisch, am Rande gesägt mit stachelspitzigen Zähnen. Der Blütenstand ist ebensträußig. Die Blütenblätter sind weiß. Die Frucht ist etwas größer (2 mm) als die Frucht der Schafgarbe. Sonst sind beide Pflanzen übereinstimmend. Die Wurzel hat ebenfalls zahlreiche Ausläufer. ♃.

Vorkommen: Auf feuchten Böden, Wäldern und Wiesen.

Bekämpfung: Durch Melioration. Sonst wie bei Schafgarbe.

Matricaria chamomilla L., Echte Kamille. — Fig. 51.

Der bis 30 cm hohe, kahle Stengel ist verzweigt geteilt. Jede Verzweigung endet in ein Blütenköpfchen. Die Blätter sind doppelt fiederteilig. Die Randblüten sind strahlig, weiß. Die kegelförmige Blütenstandachse ist hohl, ohne Spreublätter. Beim Zerreiben der Blüten erhält man den charakteristischen, angenehmen Kamillengeruch (Kamillenthee).

Fig. 51. *Matricaria chamomilla L.* Echte Kamille.
a) Blüte mit hohler Achse. *b*) Frucht.

Die Früchte sind klein, 0,8 mm lang, gelblich, mit weißlichen Rippen; an der oberen, schräg abgesetzten Fläche findet sich eine kleine Erhabenheit. ⊙.

Vorkommen: gern auf Lehmäckern.

Matricaria discoidea DC., Strahllose Kamille.

Die strahllose Kamille, aus dem Osten stammend, ist auf magerem Boden oft massenhaft vertreten. Sie wird von Schafen im jugendlichen Zustand gefressen. ⊙.

Bekämpfung. Reines Saatgut. Anbau von Wintergetreide; Hackfrucht. Vermeidung des Anbaus von Sommergetreide.

Matricaria inodora L., Geruchlose Kamille.

Die geruchlose Kamille ist in Stengeln und in Blüten ähnlich wie die Echte Kamille gebaut. Nur die Blütenstandsachse ist nicht kegelig, sondern kugelig und nicht hohl, sondern markig.

Die Früchte sind dreikantig, ca 2 mm lang, gelb gefärbt, an der Außenseite mit 3 Rippen. Zwischen diesen und auf der Innenseite sind die Früchte graurunzelig schwarz. An der Innenseite unter der geraden, oberen Fläche befinden sich zwei runde Ölflecke.

Bekämpfung: wie bei *Matricaria chamomilla.*

Fig. 52. *Chrysanthemum segetum L.* Saat-Wucherblume.
a) Blüte. *b*) Frucht (ohne Pappus).

Chrysanthemum segetum L., Saat-Wucherblume. — Fig. 52.

Der ca. 50 cm hohe Stengel ist wenig gegabelt. Mit wenig abstehenden Ästen. Die Blätter sind kahl, blaugrün, die oberen sitzend, stengelumfassend, die unteren im kurzen Blattstiel verschmälert.

Blattspreite ungeteilt. Die Blütenköpfe sind vielblütig, die Strahlenblüten wie die Scheibenblüten gelbgefärbt. Die Wurzel ist nur schwach entwickelt.

Die Früchte sind ohne Haarkrone (Pappus) und etwas in der Form verschieden, je nachdem sie von den Strahlenblüten oder von den Scheibenblüten stammen. Die ersteren sind im Querschnitt unregelmäßig, vierkantig, die letzteren mehr rundlich, mit zehn hellen Rippen auf dunklem Grunde. Die Früchte sind mehrere Jahre keimfähig. ⊙.

Vorkommen: Auf kalkfreien oder wenigstens kalkarmen Böden; bevorzugt wird jedoch lehmiger Boden.

Bekämpfung: Früher war die Saat-Wucherblume eines der gefürchtetsten Unkräuter, besonders zur Zeit der Dreifelderwirtschaft. Jetzt hat sich das Unkraut, sowohl durch den öfteren Saatwechsel als durch die Verwendung von reinem Saatgut, stark vermindert.

Durch die Düngung mit Ätzkalk werden der Pflanze die Lebensbedingungen entzogen. Früher wurde die Bekämpfung dadurch bewerkstelligt, daß ein Ausziehen der ganzen Pflanze behördlicherseits angeordnet und Strafe für das Vorkommen von blühenden Exemplaren angesetzt war, um dem Überwuchern ganzer Felder Einhalt zu tun.

Chrysanthemum leucanthemum L., Käseblume, Johannisblume, Großes Maßlieb.

Der bis 60 cm hohe Stengel trägt nur einen Blütenkopf. Die unteren Blätter sind langgestielt, die oberen sitzend, an den Rändern gesägt. Die Blütenköpfe sind vielblütig, die Strahlenblüten weiß. Die Früchte sind stäbchenförmig, grau, mit 10 weißen, flügelartigen Längsrippen. ⊙.

Vorkommen: Auf Wiesen. Vom Vieh gern gefressen. Im Heu nicht erwünscht, da die geringe Blattmasse beim Trocknen zerpulvert und nur der wertlose Stengel übrig bleibt.

Bekämpfung: Ausziehen vor der Blütezeit.

Senecio vulgaris L., Gemeines Greiskraut, Kreuzkraut. — Fig. 53. (nach Garcke, besser: „Greiskraut“ genannt, weil die Pflanze schnell verblüht und der Pappus auf den Früchten weiß erscheint).

Der Stengel wird bis 30 cm hoch. Die Blätter sind kahl, feinwollig, fiederspaltig, die oberen stengelumfassend.

Die Blütenköpfe sind von einer schwarzspitzigen Hülle umgeben, ohne Außenhülle. Die Blüten sind alle Scheibenblüten oder nur verkümmerte Strahlenblüten, gelb.

Die graubraunen Früchte, nach oben und unten verjüngt, sind gerippt, auf den Rippen fein weiß behaart. Der aus mehreren Reihen von Haaren bestehende Pappus ist weiß. ⊙ und ①.

Vorkommen: Auf allen Bodenarten, gern in Kartoffelschlägen, Gemüsegärten und gut gedüngten Feldern.

Bekämpfung: Da *Senecio* keine bestimmte Blütezeit hat, sondern vom Frühjahr bis in den Herbst immer von neuem blüht, wird auch die Bekämpfung dauernd nötig.

Anbau von Wintergetreide, das einen geschlossenen Bestand hat. Hacken und Jäten, bevor die Pflanze Samen ausbildet. Reines Saatgut.

Fig. 53. *Senecio vulgaris L.* Gemeines Greiskraut.

Senecio vernalis W. u. K., Frühlings-Greiskraut (auch Wucherblume genannt).

Die Pflanze wandert von Osten nach Westen jährlich weiter. Der wollig behaarte, oft kahle Stengel wird bis 50 cm hoch. Die Blätter sind buchtig gefiedert, auf der Ober- und Unterseite zottig. Die unteren Blätter sind gestielt, die oberen stengelumfassend.

Die Blütenköpfe sind mit einer Außenhülle versehen. Die Strahlen- und Scheibenblüten sind gelb.

Die Früchte sind zylindrisch, nach unten verschmälert, ca. 2 mm lang, hell bräunlich, gerippt, auf den Rippen weißlich behaart. Der weiße Pappus ist aus einfachen Haaren zusammengesetzt. ①, selten ⊙.

Vorkommen: Auf Wegen, Rainen, Schuttstellen, aber auch in Kleesaat.

Bekämpfung: Hacken, Jäten, Ausreißen der Pflanze, bevor die Samenentwicklung eingetreten ist.

Reines Saatgut.

Tussilago farfara L., Huflattich. — Fig. 54.

Der im zeitigen Frühjahr vor den Blättern erscheinende blütentragende Sproß trägt nur ein Köpfchen, in welchem die Randblüten zungenförmig, die Scheibenblüten röhrig sind. Alle Blüten sind gelb gefärbt. Die graugrünen, herzförmigen, gezähnten, auf der unteren Seite wollfilzigen Blätter erscheinen nach den Blüten.

Fig. 54. *Tussilago farfara L.* Huflattich. *a*) Rhizom und Blütensproß. *b*) Blatt. *c*) Frucht mit Pappus.

Die Früchte sind mit einem langen, grauweißen Pappus (Flugapparat) ausgestattet. Das Rhizom des Huflattichs liegt im Boden in verschiedener Tiefe. Die Tiefenlage richtet sich nach dem Grundwasserstand. Aus dem horizontal liegenden Rhizom gehen die fruktifikativen und vegetativen Sprosse senkrecht in die Höhe. Die Biologie des Huflattichs ist noch nicht genau genug erforscht. Über die Frage, wie lange es dauert, bis eine aus Samen hervorgegangene Pflanze im Boden ein Rhizom gebildet hat, herrscht noch Unklarheit. Die Rhizome liegen auf der oberen Grenze des Grundwasserstandes. Durch Pflügen oder sonstige Bodenbearbeitung abgerissene Rhizomteile bewurzeln sich wieder und lassen neue Pflanzen entstehen.

Die Blätter können kaum verwertet werden, da das Vieh sie wegen ihrer filzigen Beschaffenheit, wie auch die Blätter von anderen behaarten Pflanzen, nur ungern annimmt. Medizinisch werden die Blätter (*Folia farfarae*) wegen ihres Schleimgehaltes bei Katarrhen angewendet.

Vorkommen: Auf kalkigen, lehmigen und tonhaltigen Böden.

Bekämpfung: Tiefpflügen und Abeggen der ausgepflügten Rhizome, wo das Grundwasser hoch liegt. Liegt der Grundwasserspiegel jedoch und damit auch das Rhizom tief, so kann durch Melioration unter der Tiefenlage des Rhizoms dieses durch Wasserentzug zum Absterben gebracht werden. Auch durch konsequent durchgeführtes Hacken und dadurch bedingtes Auswerfen der Rhizome kann ein Erfolg erzielt werden. Ein Aushungern des Huflattichs soll sich durch einen dichten Bestand von Luzerne, die mit tiefgehenden Wurzeln und durch oberirdische Beschattung mit ihren Blättern dem lichtbedürftigen Huflattich die Nahrung im Boden und in der Luft abschneidet, ermöglichen lassen.

Cirsium arvense Scop., Feld-Kratzdistel. — Fig. 55.

Der bis 1,5 m hohe, stark verästelte Stengel ist mit stachligspitzigen Blättchen besetzt. Die Blätter sind am Stengel nicht oder wenig herablaufend, buchtig ausgerandet, jeder Blatteil in eine Stachelspitze auslaufend. Die kleinen, doldig angeordneten Körbchen sind mit blattartigen Hüllblättern umgeben. Die Blüten sind lila, manchmal weiß gefärbt, diöcisch (d. h. männliche und weibliche Blüten in verschiedenen Körbchen). Die Früchte sind mit einem Pappus (Haarkrone, die für die Verbreitung der Frucht durch den Wind eine wesentliche Rolle spielt) ausgestattet, der aus fiederigen Haaren besteht, die zu einem Ringe vereinigt sind und bei der Keimung als Ganzes abfallen. Die Früchte selbst sind bräunlichgelb, stäbchenförmig, ungefähr 2,5—3 cm lang, nach dem unteren Ende etwas verschmälert, am oberen Ende mit einem scharfen Kelchrand versehen,

Fig. 55. *Cirsium arvense Scop.* Feld-Kratzdistel.
a) Kriechender Wurzelstock. *b*) Blütenkörbchen. *c*) Frucht mit Federkelch.

auf dem auf der oberen Fläche der Griffelrest als kleine Erhabenheit hervorragt.

Die Früchte keimen im Herbst; sie bilden dann nur Blattrosetten, um im nächsten Frühjahr zu Distelpflanzen auszuwachsen. Durch den wohlentwickelten Pappus können die Früchte vom Winde auf weite Strecken leicht fortgetragen werden.

Die Wurzel ist eine tiefgehende Pfahlwurzel, von welcher aus horizontal (plagiotropisch) Nebenwurzeln abgehen. Diese dienen dazu, in einiger Entfernung von der Mutterpflanze neue Triebe an die Oberfläche und zugleich (geotropisch) neue Pfahlwurzeln in die Tiefe zu senden. Die Pflanze ist somit vermittelst ihrer Wurzeln imstande, von einer Stelle aus im Boden zu wandern. Sie bildet ein ganzes Wurzelsystem, das, wenn auch die Mutterpflanze mit der Pfahlwurzel vernichtet wird, immer von neuem das Feld verunkrauten kann. Es ist jedes kleinste Stück der Wurzel, wenn es durch Ackergeräte von der Mutter abgeschnitten wird, in der Lage, durch Adventivknospen weiter auszuwachsen.

Nutzen: Als Futter werden die jungen Triebe der Feld-Kratzdistel von allem Vieh gern gefressen.

Schaden: Durch das sich weit, tief und horizontal ausbreitende Wurzelsystem entzieht die Feld-Kratzdistel dem Boden viel Nahrung, die sie zum Aufbau, zur Blüten- und Fruchtbildung bedarf. Durch die weit fortfliegenden Früchte kann sie auf Ländereien gelangen, die von der ersten Ursprungsstelle weit abliegen.

Cirsium oleraceum Scopoli, Kohl-Kratzdistel, Wiesenkohl.

Die bis 1,5 m hohen Stengel sind kahl, mit einzelnen Härchen besetzt. Die unteren Blätter sind fiederspaltig, die oberen ungeteilt, schwach stachelig, stengelumfassend. Die Früchte sind groß, 4—5 mm lang, zusammengedrückt, hellgelb, am oberen Ende mit einem langen Griffelrest ausgehend. ♃.

Vorkommen: Auf feuchten Wiesen.

Bekämpfung: Häufiges Abmähen, Abweiden, Ausstechen der Wurzeln.

Cirsium palustre Scopoli, Sumpf-Kratzdistel.

Der Stengel wird bis 2 m hoch. Die Blätter sind tief fiederspaltig, mit zweispaltigen, stachelspitzigen Zipfeln an dem Stengel herablaufend. Die an den Enden des oben stark verzweigten Stengels sitzenden Körbchen enthalten purpurrote Blüten. Die Früchte sind 3—3,5 mm lang, dreikantig, abgeplattet, hellgelb. ⊙.

Vorkommen: Auf nassen Wiesen.

Bekämpfung: Abschneiden der Blütenköpfe, um die Samenbildung zu verhindern.

Cirsium lanceolatum Scopoli, Lanzettliche Kratzdiestel, Pferdedistel.

Der Stengel wird ca. 2 m hoch. Die Blätter sind fiederspaltig, die Zipfel wiederum geteilt, in einen scharfen Dorn endigend. Die Äste tragen je einzeln ein eiförmiges Körbchen. Diese sind purpurfarben, von einer scharf stechenden Hülle umgeben. Die Früchte sind 3—3,5 mm lang, abgeplattet, grau oder gelblich mit schwärzlicher Längsstrichelung, glänzend, am oberen Ende mit einer kurzen Spitze. ⊙.

Vorkommen: Auf trockenem Boden, im Walde.

Bekämpfung: Verhinderung der Fruchtbildung durch Abschneiden der Blütenköpfe.

Die Biologie der Acker-Kratzdistel gibt auch die Richtlinien, wie sie bekämpft werden kann und muß.

Chemische Mittel, wie Eisenvitriol, die angewandt wurden, sind ohne Erfolg geblieben, weil die Blätter mit einer festen Kutikula ausgerüstet sind, welche eine schädigende Wirkung verhindert.

Mechanisch sucht man die Wurzel tödlich zu treffen bzw. zu entfernen. Die im Frühjahr auftretenden Blattrosetten kann man mit dem Messer ausstechen. Allein, wenn man die Wurzel nicht tief genug trifft, so besitzt diese noch so viel Lebenskraft, daß sie neue Nebentriebe bildet.

Bessere Erfolge hat man mit der „Distelzange". Diese läßt sich bei durchfeuchtetem Boden so weit in den Boden bringen, daß die Regenerationskraft des im Boden verbleibenden Wurzelteiles nicht mehr genügt, um etwa vorhandene Augen noch über den Boden zu treiben.

Dasselbe Resultat kann durch Tiefpflügen erreicht werden, da dann ebenfalls der im Boden verbleibende Wurzelrest nicht mehr Adventivknospen bilden kann. Die im Boden vorhandenen, gestürzten Wurzelreste müssen aber sauber entfernt werden.

Die Verbreitung der Acker-Kratzdistel durch ihre Früchte muß durch Entfernung der Blütenköpfe verhindert werden. Das Absicheln im Getreide ist kaum möglich, jedenfalls schwer zu bewerkstelligen.

Es ist deshalb angezeigt, das Feld als Weide anzulegen und diejenigen Distelpflanzen, welche vom Vieh nicht abgeweidet werden und sich daher entwickeln, abzumähen. Man kann auch anstatt Weide einen Futterpflanzenbau, Klee und Luzerne, anlegen.

Hierdurch werden die mehrmals geschnittenen Disteln allmählich vergehen, da sie einmal an der Samenbildung verhindert sind, sodann durch die tiefgehenden Klee- und Luzernewurzeln in ihrem Wachstum beschränkt werden, bis auch sie verschwinden.

Die Raine und Wege außerhalb des eigentlichen Feldes müssen natürlich ebenfalls so behandelt werden, damit keiner neuen Ausbreitung durch Samen Vorschub geleistet wird.

Alle diese Maßnahmen sind nur dann von Erfolg, wenn nicht nur der einzelne Landwirt, sondern die ganze Gemeinde in demselben Sinn arbeitet.

Fig. 56. *Centaurea cyanus L.* Kornblume. *a*) Frucht mit Pappus.

Centaurea cyanus L., Blaue Flockenblume, Kornblume. — Fig. 56.

Der Stengel, bis 60 cm hoch und höher, je nach den Kulturpflanzen, in welchen die Kornblume vorkommt, ist einfach oder doppelt verzweigt. Die Blätter sind sitzend, ganz randig, schmal linealisch zugespitzt, die untersten Blätter grob gezähnt. Der Blütenstand ist ein Körbchen, das von trockenhäutigen, an der Spitze gefransten Hüllblättern umfaßt wird. In dem Blütenstand befinden sich Randblüten und Scheibenblüten. Die Randblüten sind geschlechtslos, besitzen 5 am Rande zerschlitzte Blumenblätter von azurblauer, selten weißer oder roter Farbe. Die Scheibenblüten sind zwittrig.

Die Früchte (Achänen) sind ca. 3 mm lang, oben blaugrau, unten gelb gefärbt, mit einem rötlichen Pappus (Haarkrone) an der Spitze. Die Früchte keimen am leichtesten aus einer Tiefe von 3 cm. Tiefer liegend können sie längere Zeit im Boden liegen, ohne zu keimen. Werden sie dann durch Bodenbearbeitung in günstigere Lage gebracht, keimen sie von dort aus. ⊙ und (1).

Bekämpfung: a) Verwendung reinen Saatgutes. Die Früchte lassen sich durch Reinigungsmaschinen unschwer aus dem Saatgut entfernen.

b) Vernichtung der im Boden liegenden und auf dem Felde ausgefallenen Früchte durch chemische Mittel: Carbolineum oder Chlorkalk im Herbst. Carbolineum hatte allein (nach Fruwirth) keine durchgreifende Wirkung, dagegen war Chlorkalk, 300 g pro qm, von besserem Erfolge. Bespritzung mit 15 proz. Eisenvitriol und Kalkstickstoff hatten keinen Erfolg. 40 proz. Kali: 12 dz pro Hektar wirkten tödlich für *Centaurea cyanus* wie auch für andere Unkräuter.

Das Schälen und Pflügen des Ackers im Herbst bringt einige Früchte zur Keimung. Der größte Teil keimt dagegen erst im Frühjahr. Die im Herbst gekeimten Pflanzen wachsen im Wintergetreide mit. Bevor das Sommergetreide gesät wird, kann der Boden, nach Behandlung mit Ackerschleife und Egge, die größte Menge der Früchte zur Keimung bringen, welche dann durch Eggen vernichtet werden. Das Hacken der Saat rottet schließlich die noch vorhandenen Unkräuter aus.

Literatur: Fruwirth, Die Kornblume. Arbeiten der D. L. G., Heft 240, 1913. Mit 2 farbigen Tafeln und 21 Abb.

Cichorium intybus L., Cichorie, Wegwarte. — Fig. 57.

Der verzweigte Stengel wird bis 1,25 cm hoch. Die unteren Wurzelblätter sind groß, in den Blattstiel verlaufend, dort sägeförmig, die oberen sind kleiner, länglich, lanzettlich, stengelumfassend. Die blauen, auch zuweilen weißen oder roten Blütenkörbchen sitzen ungestielt zu zweien und dreien in den Winkeln der Blätter, an der Seite der Äste. Die Blüten sind alle zungenförmig.

Die Wurzel ist eine außen braune, innen weiße, tiefgehende

Pfahlwurzel. Die Früchte sind 2—3 mm lang, prismatisch, vier- bis fünfkantig, am oberen breiten Ende mit dem Reste des kurzen Pappus versehen, gelbbraun mit schwarzen Flecken. Wegwarte ist von ge-

Fig. 57. *Cichorium intybus L.* Wegwarte.
a) Pfahlwurzel. *b)* Blütenstand mit sitzenden Blüten. *c)* Frucht.

gliederten Milchsaftschläuchen durchzogen. Vom Vieh wird die Zichorienpflanze gern gefressen. Die als Kulturpflanze gezogene Zichorie liefert den bekannten Kaffeersatz. Zichorie liebt Kalk und Mergelboden und wächst meist nur an den Wegen. ♃.

Bekämpfung: Durch Ausziehen oder Ausstechen vor der Reifezeit der Früchte.

Sonchus oleraceus L., glatte Sau- oder Gänsedistel.

Der bis 1 m hohe, ästige Stengel ist glatt. Die Blätter sind stachelspitz, die oberen mit pfeilförmigem Grunde den Stengel umfassend. Das Körbchen trägt schwefelgelbe zungenförmige Blüten. Die Früchte sind mit einem aus einfachen Haaren bestehenden Pappus ausgestattet, 2,5 mm lang, hellbraun, zusammengedrückt, mit je 3 Längsrippen, welche wiederum fein quergerunzelt sind. Die Gänsedistel wird vom Vieh gern gefressen. ⊙.

Bekämpfung: In gut stehendem Wintergetreide wird die Saudistel unterdrückt. In Hackfrüchten muß gejätet werden. Samenbildung wird durch Futterpflanzenbau zum Teil verhindert. Die Blütenköpfe müssen entfernt werden.

Sonchus asper Allioni, Rauhe Saudistel.

Die Pflanze ist mit *Sonchus oleraceus L.* fast übereinstimmend; nur ist der Stengel rauh. Die Blüten sind ebenfalls gelb. Die Früchte sind abgeflacht, zusammengedrückt, mit je 3 Längsrippen, die aber nicht wie bei *Sonchus oleraceus* quergestrichelt, sondern glatt sind. ⊙.

Vorkommen: Auf feuchtem Boden.

Bekämpfung: Verhinderung der Fruchtbildung durch gut gedüngte und dicht stehende Kulturpflanzen. Abmähen der Blütenköpfe.

Sonchus arvensis L., Feld-Saudistel. Gänsedistel. — Fig. 58.

Der bis 1,5 m hohe Stengel trägt am Grunde herzförmige, fiederteilige, stachelspitzige Blätter. Die zungenförmigen Blüten sind gelb. Das Körbchen ist von einer drüsenhaarigen Hülle umgeben. Die Früchte sind 3,5 bis 4 mm lang, mit Längsrippen, von denen die beiden mittlere besonders stark hervortreten. Die

Fig. 58. *Sonchus arvensis L.* Feld-Gänsediestel.
a) Haupt- und Nebenwurzeln. *b*) Frucht mit Pappus.

Längsrippen und die Zwischenfelder sind dunkelbraun und quergerunzelt. ♃.

Vorkommen: Auf feuchten Wiesen und Äckern. Die Feld-Saudistel wird vom Vieh als Futter gern genommen.

Bekämpfung: Wie bei *Cirsium arvense Scopoli*, mit welcher *Sonchus arvensis L.* im Bau der Wurzel übereinstimmt.

Taraxacum officinale Weber = Leontodon Taraxacum L., Kuh-, Ketten-, Butterblume, Pfaffenröhrlein, Löwenzahn. — Fig. 59.

Der Schaft, der in einem Blütenköpfchen endet, wird 20—30 cm hoch. (Es gibt eine Reihe von *Taraxacum*-Pflanzen, die sich botanisch durch die Form der Blätter, durch die Form und Größe der Blüten und Blütenköpfe von *Taracum officinale* unterscheiden, die jedoch vom Standpunkt des Praktikers gleichzubewerten sind.)

Die Blätter sind gebuchtet, mit rückwärts gerichteten Zipfeln. Die Kronen aller in den Köpfchen vereinigten Blüten sind zungenförmig.

Löwenzahn ist von Milchsaftschläuchen durchzogen, was man leicht durch Verletzung irgendeines Teiles der Pflanze an dem hervorquellenden Milchsaft erkennen kann.

Die Wurzel ist eine tief in den Boden gehende Pfahlwurzel, die sich im Boden verzweigend und mit zahlreichen Faserwurzeln ausgestattet, einen großen Bereich beansprucht. Wird die Wurzel in einzelne Teile zerlegt, so kann sie wieder zu neuen Pflanzen auswachsen.

Die Früchte sind langgestreckt, ca. 4 mm lang, mit Längsrippen, die im oberen Teil gezähnt und hellgelb gefärbt sind. Auf der Spitze erhebt sich eine dünne, glatte Verlängerung, die wieder eine Borste trägt, welche dreimal so lang als die ganze Frucht den aus einfachen Haaren zusammengesetzten Pappus trägt. ♃.

Vorkommen: Auf guten, nährstoffreichen Wiesen und Triften. Wo *Taraxacum* sich zeigt, findet sich auch guter Bestand der sonstigen Wiesenpflanzen. *Taraxacum* liefert ein Futter, das von allen Tieren gern gefressen wird. Jedoch nimmt die Pflanze auf Wiesen durch die dem Boden sich anlegenden Blätter einen viel zu großen Raum ein, wodurch die Entwicklung guter Gräser stark beeinträchtigt wird.

Wegen der in die Tiefe und auch nach den Seiten sich ausbreitenden Wurzel ist der Löwenzahn schwer zu bekämpfen. Aus-

Fig. 59. *Taraxacum officinale Wbr.* Löwenzahn.
a) Verzweigte Pfahlwurzel. *b*) Pflanze mit einköpfigen Blütenschäften. *c*) Frucht mit Pappus.

stechen in großen Beständen ist zu schwierig. Radikale Beseitigung und Ausrottung von Löwenzahn ist nur durch Umbruch und Neusaat zu erreichen.

Literatur-Verzeichnis.

Bornemann, Felix: Die wichtigsten landw. Unkräuter, ihre Lebensgeschichte und Methoden ihrer Bekämpfung. Berlin 1910.

Garke's Illustrierte Flora von Deutschland. Parey. Berlin.

Klein, L.: Unsere Unkräuter. Heidelberg 1913.

Loebe, W.: Die Unkräuter des Feldes und Landes aus der landw. Flora Deutschlands. Leipzig.

Nobbe: Handbuch der Samenkunde. Parey 1876.

Rümker, K. v.: Die Unkrautvertilgung. Berlin 1908.

Wittmack, L.: Landwirtschaftliche Samenkunde. Parey. Berlin 1922.

Wittmack, L.: Botanik der kulturtechnisch und landwirtschaftlich wichtigen Pflanzen. Fünfte Auflage. 1924. Berlin.

Wehsarg: Die Verbreitung und Bekämpfung der Ackerunkräuter in Deutschland. D. L. G. 1918.

Register.

* weist auf Abbildungen.

Papier | Fördert gute Waldnutzung
FSC® C083411

Zeitfracht Medien GmbH
Ferdinand-Jühlke-Straße 7
99095 Erfurt, Deutschland
produktsicherheit@kolibri360.de